수학 상위권 향상을 위한 문장제 해결력 완성

문제 해결의 길잡이

심화

문제 해결의 길잡이 심화

수학 **3**학년

WRITERS

이재효
서울교육대학교 수학교육과, 한국교원대학교 대학원
수학 교과서, 수학 익힘책, 교사용 지도서 저자
교육과정 심의위원 역임
전 서울 문현초등학교 교장

김영기
서울교육대학교 수학교육과, 국민대학교 교육대학원
수학 교과서, 수학 익힘책, 교사용 지도서 저자
교육과정 심의위원 역임
전 서울 창동초등학교 교장

이용재
서울교육대학교 수학교육과, 한국교원대학교 대학원
수학 교과서, 수학 익힘책, 교사용 지도서 저자
교육과정 심의위원 역임
전 서울 영서초등학교 교감

COPYRIGHT

인쇄일 2024년 8월 19일(6판6쇄)
발행일 2022년 1월 3일

펴낸이 신광수
펴낸곳 (주)미래엔
등록번호 제16–67호

융합콘텐츠개발실장 황은주
개발책임 정은주 **개발** 나현미, 장혜승, 박새연, 박지민

디자인실장 손현지
디자인책임 김병석 **디자인** 디자인뷰

CS본부장 강윤구
제작책임 강승훈

ISBN 979-11-6841-043-5

이 책의 **머리말**

이솝 우화에 나오는 '여우와 신포도' 이야기를 떠올려 볼까요?
배가 고픈 여우가 포도를 따 먹으려고 하지만 손이 닿지 않았어요.
그러자 여우는 포도가 시고 맛없을 것이라고 말하며 포기하고 말았죠.

만약 여러분이라면 어떻게 했을까요?
여우처럼 그럴듯한 핑계를 대며 포기했을 수도 있고,
의자나 막대기를 이용해서 마침내 포도를 따서 먹었을 수도 있어요.

어려움 앞에서 포기하지 않고
어떻게든 이루어 보려는 마음, 그 마음이 바로 '도전'입니다.
수학 앞에서 머뭇거리지 말고 뛰어넘으려는 마음을 가져 보세요.

"문제 해결의 길잡이 심화"는
여러분의 도전이 빛날 수 있도록 길을 밝혀 줄 거예요.
도전하려는 마음이 생겼다면, 이제 출발해 볼까요?

이 책의 구성

전략 세움
해결 전략 수립으로 상위권 실력에 도전하기

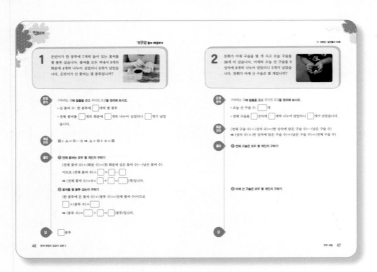

익히기
문제를 분석하고 해결 전략을 세운 후에 단계적으로 풀이합니다. 이 과정을 반복하여 집중 연습하면 스스로 해결하는 힘이 길러집니다.

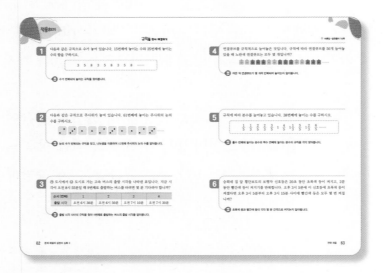

적용하기
스스로 문제를 분석한 후에 주어진 해결 전략을 참고하여 문제를 풀이합니다. 혼자서 해결 전략을 세울 수 있다면 바로 풀이해도 됩니다.

최고의 실력으로 이끌어 주는 문제 풀이 동영상

해결 전략을 세우는 데 어려움이 있다면? 풀이 과정에 궁금증이 생겼다면?
문제 풀이 동영상을 보면서 해결 전략 수립과 풀이 과정을 확인합니다!

전략 이룸

해결 전략 완성으로 문장제·서술형 고난도 유형 도전하기

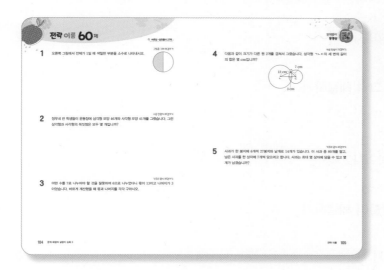

문제를 분석하여 스스로 해결 전략을 세우고 풀이하는 단계입니다. 이를 통해 고난도 유형을 풀어내는 향상된 실력을 확인합니다.

경시 대비 평가 [별책]

최고 수준 문제로 교내외 경시 대회 도전하기

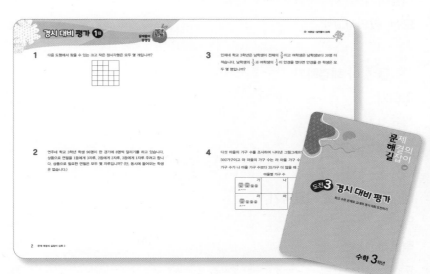

문해길 학습의 최종 단계입니다. 최고 수준 문제로 각종 경시 대회를 준비합니다.

이 책의 차례

도전 1 전략 세움

도전2 전략 이룸 60제

도전3 경시 대비 평가 [별책]

[바른답 · 알찬풀이]

도전 1 전략 세움

해결 전략 수립으로 상위권 실력에 도전하기

		쪽수	공부한 날	확인
식을 만들어 해결하기	익히기	10 ~ 11쪽	월 일	
		12 ~ 13쪽	월 일	
		14 ~ 15쪽	월 일	
		16 ~ 17쪽	월 일	
	적용하기	18 ~ 19쪽	월 일	
		20 ~ 21쪽	월 일	
그림을 그려 해결하기	익히기	24 ~ 25쪽	월 일	
		26 ~ 27쪽	월 일	
		28 ~ 29쪽	월 일	
	적용하기	30 ~ 31쪽	월 일	
		32 ~ 33쪽	월 일	
표를 만들어 해결하기	익히기	36 ~ 37쪽	월 일	
		38 ~ 39쪽	월 일	
	적용하기	40 ~ 41쪽	월 일	
		42 ~ 43쪽	월 일	
거꾸로 풀어 해결하기	익히기	46 ~ 47쪽	월 일	
		48 ~ 49쪽	월 일	
		50 ~ 51쪽	월 일	
	적용하기	52 ~ 53쪽	월 일	
		54 ~ 55쪽	월 일	
규칙을 따져 해결하기	익히기	58 ~ 59쪽	월 일	
		60 ~ 61쪽	월 일	
	적용하기	62 ~ 63쪽	월 일	
		64 ~ 65쪽	월 일	
예상과 확인으로 해결하기	익히기	68 ~ 69쪽	월 일	
		70 ~ 71쪽	월 일	
		72 ~ 73쪽	월 일	
	적용하기	74 ~ 75쪽	월 일	
		76 ~ 77쪽	월 일	
조건을 따져 해결하기	익히기	80 ~ 81쪽	월 일	
		82 ~ 83쪽	월 일	
		84 ~ 85쪽	월 일	
	적용하기	86 ~ 87쪽	월 일	
		88 ~ 89쪽	월 일	
단순화하여 해결하기	익히기	92 ~ 93쪽	월 일	
		94 ~ 95쪽	월 일	
		96 ~ 97쪽	월 일	
	적용하기	98 ~ 99쪽	월 일	
		100 ~ 101쪽	월 일	

수학의 모든 문제는 8가지 해결 전략으로 통한다!
문·해·길 전략 세움으로 문제 해결력 상승!

1 식을 만들어 해결하기
문제에 주어진 상황과 조건을 수와 계산 기호로 나타내어 해결하는 전략

2 그림을 그려 해결하기
문제에 주어진 조건과 관계를 간단한 도형, 수직선 등으로 나타내어 해결하는 전략

3 표를 만들어 해결하기
문제에 제시된 수 사이의 대응 관계를 표로 나타내어 해결하는 전략

4 거꾸로 풀어 해결하기
문제 안에 조건에 대한 결과가 주어졌을 때 결과에서부터 거꾸로 생각하여 해결하는 전략

5 규칙을 찾아 해결하기
문제에 주어진 정보를 분석하여 그 안에 숨어 있는 규칙을 찾아 해결하는 전략

6 예상과 확인으로 해결하기
문제의 답을 미리 예상해 보고 그 답이 문제의 조건에 맞는지 확인하는 과정을 반복하여
해결하는 전략

7 조건을 따져 해결하기
문제에 주어진 조건을 따져가며 차례대로 실마리를 찾아 해결하는 전략

8 단순화하여 해결하기
문제에 제시된 상황이 복잡한 경우 이것을 간단한 상황으로 단순하게 나타내어 해결하는 전략

식을 만들어 해결하기

식을 만들어 해결하기

1 어느 고속도로의 요금소를 통과한 자동차는 소형 승용차가 157대, 중형 승용차가 286대이고, 중형 화물차가 384대, 대형 화물차가 419대입니다. 이 요금소를 통과한 화물차는 승용차보다 몇 대 더 많습니까?

문제 분석 • 구하려는 것에 밑줄을 긋고 주어진 조건을 정리해 보시오.

• 통과한 승용차 수: 소형 [   ]대, 중형 [   ]대

• 통과한 화물차 수: 중형 [   ]대, 대형 [   ]대

해결 전략 • 요금소를 통과한 승용차 수와 화물차 수는 각각 (덧셈식 , 뺄셈식)을 만들어 구합니다.

• 화물차가 승용차보다 몇 대 더 많은지는 (덧셈식 , 뺄셈식)을 만들어 구합니다.

풀이 ❶ 요금소를 통과한 승용차는 모두 몇 대인지 구하기

(소형 승용차 수)+(중형 승용차 수)=157+[   ]=[   ](대)

❷ 요금소를 통과한 화물차는 모두 몇 대인지 구하기

(중형 화물차 수)+(대형 화물차 수)=384+[   ]=[   ](대)

❸ 요금소를 통과한 화물차는 승용차보다 몇 대 더 많은지 구하기

(통과한 화물차 수)−(통과한 승용차 수)

=[   ]−[   ]=[   ](대)

답 [   ]대

2

연지네 학교 남학생은 546명, 여학생은 381명이고, 재호네 학교 남학생은 477명, 여학생은 435명입니다. 연지네 학교와 재호네 학교 중 어느 학교 학생이 몇 명 더 많습니까?

문제 분석

구하려는 것에 밑줄을 긋고 주어진 조건을 정리해 보시오.

- 연지네 학교 학생 수: 남학생 ☐명, 여학생 ☐명

- 재호네 학교 학생 수: 남학생 ☐명, 여학생 ☐명

해결 전략

- 연지와 재호네 학교 학생 수는 각각 (덧셈식 , 뺄셈식)을 만들어 구합니다.
- 어느 학교 학생이 몇 명 더 많은지는 (덧셈식 , 뺄셈식)을 만들어 구합니다.

풀이

❶ 연지네 학교 학생은 모두 몇 명인지 구하기

❷ 재호네 학교 학생은 모두 몇 명인지 구하기

❸ 어느 학교 학생이 몇 명 더 많은지 구하기

답

3 노란색 구슬이 한 통에 15개씩 3통 있고, 파란색 구슬이 51개 있습니다. 전체 구슬을 4명에게 똑같이 나누어 주려면 한 사람에게 구슬을 몇 개씩 주어야 합니까?

문제 분석 구하려는 것에 밑줄을 긋고 주어진 조건을 정리해 보시오.

- 노란색 구슬 수: 한 통에 15개씩 ☐통

- 파란색 구슬 수: ☐개

- 나누어 주어야 하는 사람 수: ☐명

해결 전략
- 노란색 구슬 수는 (곱셈식 , 나눗셈식)을 만들어 구하고, 전체 구슬 수는 (덧셈식 , 뺄셈식)을 만들어 구합니다.
- 한 사람에게 나누어 주어야 하는 구슬 수는 (곱셈식 , 나눗셈식)을 만들어 구합니다.

풀이

❶ 노란색 구슬은 몇 개인지 구하기

(한 통에 들어 있는 구슬 수)×(통 수)=☐×☐=☐(개)

❷ 전체 구슬은 모두 몇 개인지 구하기

(노란색 구슬 수)+(파란색 구슬 수)=☐+☐=☐(개)

❸ 한 사람에게 나누어 주어야 하는 구슬은 몇 개인지 구하기

(전체 구슬 수)÷(사람 수)=☐÷☐=☐(개)

답 ☐개

4 과일 가게에 사과가 한 상자에 25개씩 32상자 있고, 한 상자에 12개씩 27상자 있습니다. 그중 사과를 240개 팔았다면 팔고 남은 사과는 몇 개입니까?

문제 분석

구하려는 것에 밑줄을 긋고 주어진 조건을 정리해 보시오.

• 전체 사과 수: 25개씩 [ ]상자, 12개씩 [ ]상자

• 판 사과 수: [ ]개

해결 전략

• 상자별 사과 수는 각각 (곱셈식 , 나눗셈식)을 만들어 구하고, 전체 사과 수는 (덧셈식 , 뺄셈식)을 만들어 구합니다.

• 팔고 남은 사과 수는 (덧셈식 , 뺄셈식)을 만들어 구합니다.

풀이

❶ 상자별 사과는 각각 몇 개인지 구하기

❷ 전체 사과는 모두 몇 개인지 구하기

❸ 팔고 남은 사과는 몇 개인지 구하기

답

5 길이가 같은 철사 2개를 남김없이 사용하여 각각 다음과 같은 직사각형과 정사각형을 만들었습니다. 정사각형의 한 변의 길이는 몇 cm입니까?

16 cm

28 cm

문제분석 구하려는 것에 밑줄을 긋고 주어진 조건을 정리해 보시오.

• 직사각형의 긴 변의 길이: ☐ cm

• 직사각형의 짧은 변의 길이: ☐ cm

• (직사각형의 네 변의 길이의 합)＝(정사각형의 네 변의 길이의 합)

해결전략

• 직사각형은 (마주 보는 , 이웃하는) 두 변의 길이가 서로 같습니다.

• 정사각형은 네 변의 길이가 모두 (같습니다 , 다릅니다).

풀이

❶ 직사각형의 네 변의 길이의 합은 몇 cm인지 구하기

(긴 변의 길이)＋(짧은 변의 길이)＋(긴 변의 길이)＋(짧은 변의 길이)

＝28＋☐＋28＋☐＝☐ (cm)

❷ 정사각형의 네 변의 길이의 합은 몇 cm인지 구하기

정사각형의 네 변의 길이의 합은 직사각형의 네 변의 길이의 합과 같으므로 ☐ cm입니다.

❸ 정사각형의 한 변의 길이는 몇 cm인지 구하기

(정사각형의 네 변의 길이의 합)÷☐＝☐÷☐＝☐ (cm)

답 ☐ cm

6

정사각형의 네 변의 길이의 합과 오른쪽 직사각형의 네 변의 길이의 합이 같습니다. 오른쪽 직사각형의 긴 변의 길이는 몇 cm입니까?

14 cm □   □ 8 cm

문제 분석

구하려는 것에 밑줄을 긋고 주어진 조건을 정리해 보시오.

• (정사각형의 네 변의 길이의 합)＝(직사각형의 네 변의 길이의 합)

• 정사각형의 한 변의 길이: ☐ cm

• 직사각형의 짧은 변의 길이: ☐ cm

해결 전략

• (직사각형의 네 변의 길이의 합)＝(긴 변과 짧은 변 길이의 합)×☐

➡ (긴 변과 짧은 변 길이의 합)＝(직사각형의 네 변의 길이의 합)÷☐

풀이

❶ 정사각형의 네 변의 길이의 합은 몇 cm인지 구하기

❷ 오른쪽 직사각형의 네 변의 길이의 합은 몇 cm인지 구하기

❸ 오른쪽 직사각형의 긴 변의 길이는 몇 cm인지 구하기

답

식을 **만들어 해결하기**

7 열차가 오전 8시 15분 4초에 서울역에서 출발하여 동대구역까지 가는 데 1시간 37분이 걸렸고, 동대구역에서 부산역까지 가는 데 48분 55초가 걸렸습니다. 열차가 부산역에 도착한 시각은 오전 몇 시 몇 분 몇 초입니까? (단, 역에 정차한 시간은 생각하지 않습니다.)

문제 분석

구하려는 것에 밑줄을 긋고 주어진 조건을 정리해 보시오.

• 서울역에서 출발한 시각: 오전 8시 15분 4초

• 서울역에서 동대구역까지 가는 데 걸린 시간: ☐시간 ☐분

• 동대구역에서 부산역까지 가는 데 걸린 시간: ☐분 ☐초

해결 전략

• (도착한 시각)=(출발한 시각)+(걸린 시간)

• 시는 시끼리, 분은 분끼리, 초는 초끼리 더합니다.

• ☐분=1시간으로 바꾸어 생각합니다.

풀이

❶ 열차가 동대구역에 도착한 시각은 오전 몇 시 몇 분 몇 초인지 구하기

(서울역에서 출발한 시각)+(서울역에서 동대구역까지 가는 데 걸린 시간)

=오전 8시 15분 4초+☐시간 ☐분

=오전 ☐시 ☐분 ☐초

❷ 열차가 부산역에 도착한 시각은 오전 몇 시 몇 분 몇 초인지 구하기

(동대구역에서 출발한 시각)+(동대구역에서 부산역까지 가는 데 걸린 시간)

=오전 ☐시 ☐분 ☐초+☐분 ☐초

=오전 ☐시 ☐분 ☐초

답

오전 ☐시 ☐분 ☐초

8 태권도 선수들이 오전 10시 30분 22초에 훈련을 시작했습니다. 1시간 40분 38초 동안 훈련을 하고, 곧바로 1시간 24분 40초 동안 휴식 시간을 가졌다면 휴식 시간이 끝난 시각은 오후 몇 시 몇 분 몇 초입니까?

문제 분석

구하려는 것에 밑줄을 긋고 주어진 조건을 정리해 보시오.

• 훈련 시작 시각: 오전 ☐ 시 ☐ 분 ☐ 초

• 훈련 시간: ☐ 시간 ☐ 분 ☐ 초

• 휴식 시간: ☐ 시간 ☐ 분 ☐ 초

해결 전략

• (마친 시각)＝(시작한 시각)＋(걸린 시간)

• ☐ 초＝1분으로 바꾸어 생각합니다.

풀이

❶ 훈련을 마친 시각은 오후 몇 시 몇 분인지 구하기

❷ 휴식 시간이 끝난 시각은 오후 몇 시 몇 분 몇 초인지 구하기

답

식을 만들어 해결하기

1 선생님께서 연필 6타를 5모둠에게 똑같이 나누어 주었습니다. 한 모둠에게 연필을 몇 자루씩 줄 수 있고, 나누어 주고 남는 연필은 몇 자루입니까?

해결전략 (전체 연필 수)÷(모둠 수)=(한 모둠에게 줄 수 있는 연필 수)…(남는 연필 수)

2 새연이가 똑같은 공책 두 권을 사고 1000원을 냈더니 40원을 거슬러 받았습니다. 공책 한 권과 지우개 한 개 값의 합이 900원일 때 지우개 한 개는 얼마입니까?

해결전략 먼저 공책 두 권의 값을 구한 다음 공책 한 권의 값을 구합니다.

3 현호가 일주일 동안 피아노를 연습한 시간은 6시간 40분이고, 줄넘기를 연습한 시간은 피아노 연습 시간보다 1시간 5분 20초 더 짧습니다. 현호가 일주일 동안 피아노와 줄넘기를 연습한 시간은 모두 몇 시간 몇 분 몇 초입니까?

해결전략 뺄셈식을 만들어 줄넘기 연습 시간을 구하고 덧셈식을 만들어 연습 시간의 합을 구합니다.

4 다음은 직각삼각형 한 개와 정사각형 두 개를 겹치지 않게 이어 붙여 만든 도형입니다. 작은 정사각형의 네 변의 길이의 합이 36 cm이고, 큰 정사각형의 네 변의 길이의 합이 60 cm일 때 직각삼각형의 세 변의 길이의 합은 몇 cm입니까?

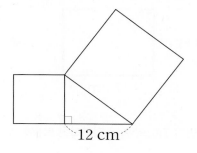

12 cm

> **해결 전략** (정사각형의 한 변의 길이)=(정사각형의 네 변의 길이의 합)÷4

5 각각 일정한 빠르기로 세아는 7분 동안 91 m를 걸었고 영민이는 6분 동안 84 m를 걸었습니다. 세아와 영민이가 동시에 출발하여 20분 동안 걷는다면 누가 몇 m 더 많이 걷습니까?

> **해결 전략** (1분 동안 걷는 거리)=(■분 동안 걷는 거리)÷■

6 철사를 겹치지 않게 이어 붙여 왼쪽 직사각형을 만들었습니다. 이 철사를 다시 펴서 반으로 잘라 크기가 같은 정사각형 2개를 만들었다면 만든 정사각형 한 개의 한 변의 길이는 몇 cm입니까? (단, 철사를 남김없이 사용합니다.)

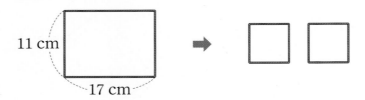

> **해결전략** 직사각형의 네 변의 길이의 합과 정사각형 2개의 네 변의 길이의 합이 같습니다.

7 수빈이가 집에서 출발하여 약국과 놀이터를 차례로 지나서 다시 집에 돌아왔습니다. 수빈이가 이동한 거리는 모두 몇 km 몇 m입니까?

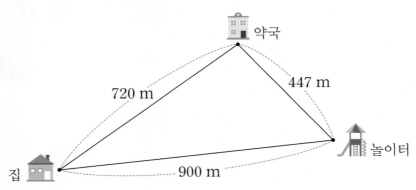

> **해결전략** 덧셈식을 만들어 이동한 거리의 합이 몇 m인지 구한 다음 몇 km 몇 m로 나타냅니다.

8 10 L 들이의 물통에 물이 3 L만큼 들어 있습니다. 이 물통에 1 L 500 mL 들이 그릇으로 물을 가득 담아 2번 붓고, 800 mL 들이 그릇으로 물을 가득 담아 3번 부었습니다. 물통에 물을 가득 채우려면 물을 몇 L 몇 mL만큼 더 부어야 합니까?

> 해결전략 덧셈식을 만들어 물통에 부은 물의 양을 구하고 뺄셈식을 만들어 더 부어야 하는 물의 양을 구합니다.

9 지훈이가 붙임 딱지를 97장 가지고 있습니다. 가지고 있는 붙임 딱지를 친구 8명에게 남김없이 똑같이 나누어 주려면 붙임 딱지는 적어도 몇 장 더 필요합니까?

> 해결전략 남김없이 나누어 주려면 나머지가 생기지 않아야 합니다.

10 재훈이가 강아지와 고양이를 안고 저울에 올라갔더니 저울이 가리키는 눈금이 38 kg 500 g이었습니다. 강아지의 몸무게가 3700 g이고 고양이가 강아지보다 200 g 더 무거울 때 재훈이의 몸무게는 몇 kg 몇 g입니까?

> 해결전략 먼저 1000 g=1 kg임을 이용하여 강아지의 몸무게를 몇 kg 몇 g으로 나타내 봅니다.

도전, 창의사고력

지구에서 사용하는 시계와 외계 행성에서 사용하는 시계가 똑같이 1시를 가리키고 있습니다. 두 시계의 긴바늘이 각각 시계의 작은 눈금 한 칸만큼을 가는 데 걸리는 시간은 1분으로 같다고 합니다. 두 시계의 짧은바늘이 각각 한 바퀴 도는 데 걸리는 시간의 차이는 몇 분입니까?

너희는 시계의 눈금이 9까지밖에 없네?

그렇다. 하지만 우리 시계도 짧은바늘이 숫자 눈금 한 칸만큼 갈 때 긴바늘이 한 바퀴 돈다.

도전 **1**
전략 세움

그림을 그려 해결하기

그림을 그려 해결하기

1 다음 정사각형 모양 종이를 잘라 크기가 같은 직사각형 3개로 나누려고 합니다. 나누어 만든 직사각형 한 개의 네 변의 길이의 합은 몇 cm입니까?

24 cm

**문제
분석**

구하려는 것에 밑줄을 긋고 주어진 조건을 정리해 보시오.

정사각형의 한 변의 길이: ☐ cm

**해결
전략**

직사각형 3개의 크기가 같도록 선으로 나누어 봅니다.

풀이

❶ 나누어 만든 직사각형의 긴 변은 몇 cm인지 구하기

24 cm ← 선을 그어 같은 크기의
직사각형 3개로
나누어 보시오.

정사각형의 한 변의 길이가

☐ cm이므로 나누어 만든

직사각형의 긴 변의 길이는

☐ cm입니다.

❷ 나누어 만든 직사각형의 짧은 변은 몇 cm인지 구하기

정사각형을 ☐ 개로 나누었으므로 나누어 만든 직사각형의 짧은 변의

길이는 24÷☐ = ☐ (cm)입니다.

❸ 직사각형 한 개의 네 변의 길이의 합은 몇 cm인지 구하기

(긴 변의 길이)+(짧은 변의 길이)+(긴 변의 길이)+(짧은 변의 길이)

= ☐ + ☐ + ☐ + ☐ = ☐ (cm)

답

☐ cm

2 다음 직사각형 모양 종이를 한 번만 잘라 가장 큰 정사각형을 만들려고 합니다. 만들 수 있는 가장 큰 정사각형의 네 변의 길이의 합은 몇 cm입니까?

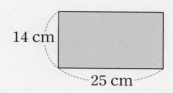

14 cm
25 cm

문제 분석

구하려는 것에 밑줄을 긋고 주어진 조건을 정리해 보시오.

• 직사각형의 긴 변의 길이: ☐ cm

• 직사각형의 짧은 변의 길이: ☐ cm

해결 전략

만들 수 있는 가장 큰 정사각형의 한 변의 길이는 직사각형의 (긴 , 짧은) 변의 길이와 같습니다.

풀이

❶ 만들 수 있는 가장 큰 정사각형의 한 변의 길이는 몇 cm인지 구하기

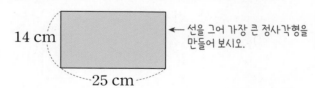

14 cm
25 cm

← 선을 그어 가장 큰 정사각형을 만들어 보시오.

❷ 만들 수 있는 가장 큰 정사각형의 네 변의 길이의 합은 몇 cm인지 구하기

답

3 준서와 혜나가 각자 똑같은 책을 읽고 있습니다. 준서는 전체의 $\frac{2}{3}$ 만큼을 읽었고, 혜나는 전체의 $\frac{3}{4}$ 만큼을 읽었습니다. 읽어야 할 부분이 더 많이 남은 사람은 누구입니까?

문제 분석

구하려는 것에 밑줄을 긋고 주어진 조건을 정리해 보시오.

· 준서가 읽은 양: 전체의 ☐   · 혜나가 읽은 양: 전체의 ☐

해결 전략

· 전체 양을 1로 생각하고 그림으로 나타내 읽은 양만큼 각각 색칠해 봅니다.
· 분자가 1인 단위분수는 분모가 (클수록 , 작을수록) 크기가 큽니다.

풀이

❶ 책을 읽은 양을 각각 그림으로 나타내기

준서 ☐☐☐☐   혜나 ☐☐☐☐☐   ← 각각 책을 읽은 양만큼 색칠하시오.

❷ 책을 읽고 남은 양을 각각 분수로 나타내기

· 준서: 전체를 똑같이 3으로 나눈 것 중 1만큼 남았으므로

분수로 나타내면 ☐ 입니다.

· 혜나: 전체를 똑같이 4로 나눈 것 중 1만큼 남았으므로

분수로 나타내면 ☐ 입니다.

❸ 읽어야 할 부분이 더 많이 남은 사람은 누구인지 구하기

남은 양을 비교해 보면 ☐ ◯ ☐ 이므로

읽어야 할 부분이 더 많이 남은 사람은 ☐ 입니다.

답

☐

4 은희, 장우, 해수가 같은 길이의 리본을 가지고 있습니다. 은희는 전체의 $\frac{5}{6}$, 장우는 전체의 $\frac{4}{5}$, 해수는 전체의 $\frac{7}{8}$을 사용하였습니다. 남은 리본의 길이가 긴 사람부터 차례로 이름을 쓰시오.

문제 분석

구하려는 것에 밑줄을 긋고 주어진 조건을 정리해 보시오.

• 은희가 사용한 양: 전체의 ☐

• 장우가 사용한 양: 전체의 ☐

• 해수가 사용한 양: 전체의 ☐

해결 전략

전체 양을 1로 생각하고 그림으로 나타내 사용한 양만큼 각각 색칠해 봅니다.

풀이

❶ 사용한 리본의 양을 각각 그림으로 나타내기

❷ 남은 리본의 양을 각각 분수로 나타내기

❸ 남은 리본의 길이가 긴 사람부터 차례로 이름 쓰기

답

5 다음 직사각형 안에 그릴 수 있는 가장 큰 원을 겹치지 않게 여러 개 그리려고 합니다. 원을 몇 개까지 그릴 수 있습니까?

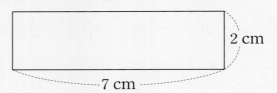

2 cm

7 cm

문제 분석 ▸ 구하려는 것에 밑줄을 긋고 주어진 조건을 정리해 보시오.

• 직사각형의 긴 변의 길이: ☐ cm

• 직사각형의 짧은 변의 길이: ☐ cm

해결 전략 ▸ 그릴 수 있는 가장 큰 원의 지름은 직사각형의 (긴 , 짧은) 변의 길이와 같습니다.

풀이 ▸ ❶ 직사각형 안에 그릴 수 있는 가장 큰 원의 지름은 몇 cm인지 구하기

직사각형의 짧은 변의 길이가 ☐ cm이므로

직사각형 안에 그릴 수 있는 가장 큰 원의 지름은 ☐ cm입니다.

❷ 직사각형 안에 그릴 수 있는 가장 큰 원을 겹치지 않게 그려 보기

2 cm

7 cm

❸ 원을 몇 개까지 그릴 수 있는지 구하기

직사각형의 긴 변의 길이가 7 cm이므로

지름이 ☐ cm인 원을 겹치지 않게 ☐ 개까지 그릴 수 있습니다.

답 ▸ ☐ 개

6 다음 직사각형 안에 그릴 수 있는 가장 큰 원을 겹치지 않게 여러 개 그리려고 합니다. 원을 몇 개까지 그릴 수 있습니까?

5 cm

28 cm

문제분석 구하려는 것에 밑줄을 긋고 주어진 조건을 정리해 보시오.

• 직사각형의 긴 변의 길이: ☐ cm

• 직사각형의 짧은 변의 길이: ☐ cm

해결전략 그릴 수 있는 가장 큰 원의 지름을 구하여 직사각형 안에 원을 그려 봅니다.

풀이 ❶ 직사각형 안에 그릴 수 있는 가장 큰 원의 지름은 몇 cm인지 구하기

❷ 직사각형 안에 그릴 수 있는 가장 큰 원을 겹치지 않게 그려 보기

❸ 원을 몇 개까지 그릴 수 있는지 구하기

답

1 다음 중 원의 중심이 많은 것부터 차례로 기호를 쓰시오.

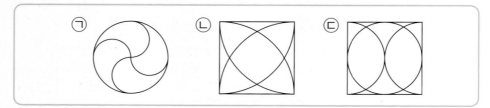

> **해결전략** 원의 중심을 찾아 각각 점을 찍은 다음 원의 중심을 세어 봅니다.

2 5개의 점 중 2개의 점을 이어 그을 수 있는 선분은 모두 몇 개입니까?

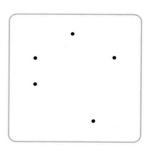

> **해결전략** 2개의 점을 골라 이어 그을 수 있는 선분을 모두 그어 봅니다.

3 오른쪽 도형을 똑같이 10조각으로 나누려고 합니다. 전체를 1로 생각했을 때 색칠한 부분의 크기를 분수와 소수로 각각 나타내시오.

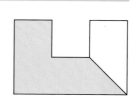

> **해결전략** 전체를 똑같이 10조각으로 나눈 다음 색칠한 부분은 몇 칸인지 알아봅니다.

4 주현이와 승효가 달리기 연습을 하기로 했습니다. 각각 일정한 빠르기로 주현이는 5분 동안 950 m만큼 달리고, 승효는 4분 동안 740 m만큼 달립니다. 두 사람이 같은 지점에서 서로 반대 방향으로 동시에 출발했다면 1분 후 두 사람 사이의 거리는 몇 m입니까?

 서로 반대 방향으로 이동하면 시간이 흐를수록 두 사람 사이의 거리가 멀어집니다.

5 가 비커에는 160 mL의 소금물이 들어 있고, 나 비커에는 210 mL의 소금물이 들어 있습니다. 나 비커의 소금물을 가 비커로 옮겼더니 두 비커에 들어 있는 소금물의 양이 같아졌습니다. 나 비커에서 가 비커로 옮긴 소금물은 몇 mL입니까?

 먼저 두 비커에 담긴 소금물 양의 차이를 알아봅니다.

6

다음은 반지름이 각각 3 cm, 5 cm, 6 cm인 세 원을 서로 맞닿게 놓은 것입니다. 세 원의 중심을 꼭짓점으로 하는 삼각형을 그린다면 그린 삼각형의 세 변의 길이의 합은 몇 cm입니까?

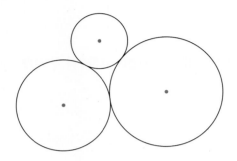

> 해결
> 전략
> 세 원의 반지름을 이용하여 그린 삼각형의 세 변의 길이를 알아봅니다.

7

기차가 공사 구간을 지날 때에는 안전을 위해서 2분 동안 500 m씩 일정한 빠르기로 간다고 합니다. 길이가 250 m인 기차가 길이가 1000 m인 공사 구간을 완전히 통과하는 데 걸리는 시간은 몇 분입니까?

공사 구간

> 해결
> 전략
> 공사 구간을 완전히 통과할 때 기차가 달리는 거리는 공사 구간의 길이와 기차 길이의 합입니다.

8 슬비는 가지고 있던 찰흙 전체의 $\frac{2}{5}$를 사용하고, 동생은 슬비가 사용하고 남은 찰흙의 $\frac{1}{3}$을 사용했습니다. 슬비가 처음에 가지고 있던 찰흙이 500 g일 때 슬비와 동생이 사용하고 남은 찰흙은 몇 g입니까?

> **해결 전략** 전체 양을 1로 생각하고 슬비와 동생이 사용하고 남은 찰흙의 양을 그림으로 나타내 봅니다.

9 어떤 수를 4로 나눈 몫은 어떤 수에서 18을 뺀 수와 같습니다. 어떤 수의 20배는 얼마입니까?

> **해결 전략** (어떤 수를 4로 나눈 몫)$\times 4 =$(어떤 수)

10 재호와 아인이가 자전거를 타고 원 모양 공원의 둘레를 따라 한 지점에서 서로 반대 방향으로 동시에 출발하였습니다. 재호는 1초에 8 m씩, 아인이는 1초에 5 m씩 일정한 빠르기로 갑니다. 두 사람이 출발한 지 9분 만에 처음으로 다시 만났다면 공원의 둘레는 몇 km 몇 m입니까?

> **해결 전략** 원 모양 공원의 둘레는 두 사람이 간 거리의 합과 같습니다.

도전, 창의사고력

동물 나라에서 열린 마라톤 대회에 토끼, 타조, 캥거루, 기린, 말이 참가했습니다.
지금 가장 앞서고 있는 동물부터 차례로 쓰시오.

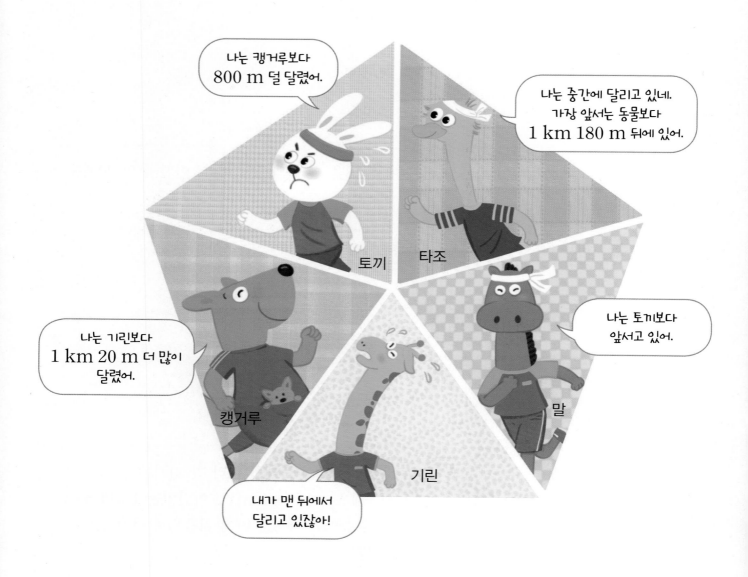

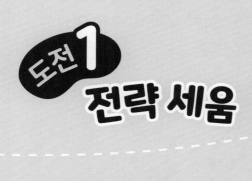

표를 만들어 해결하기

1

지우네 학교 학생들이 좋아하는 TV 프로그램을 조사하여 나타낸 것입니다. 좋아하는 TV 프로그램별 학생 수를 비교하여 남학생 수가 여학생 수보다 더 많은 TV 프로그램을 모두 찾아 쓰시오.

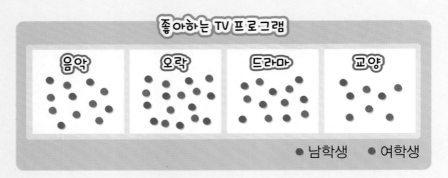

좋아하는 TV 프로그램

음악   오락   드라마   교양

● 남학생   ● 여학생

문제 분석 구하려는 것에 밑줄을 긋고 주어진 조건을 정리해 보시오.

• 좋아하는 TV 프로그램의 종류: 음악, 오락, 드라마, 교양

• 조사한 자료에서 ●는 (남학생 , 여학생), ●는 (남학생 , 여학생)을 나타냅니다.

해결 전략 좋아하는 TV 프로그램별 남녀 학생 수를 각각 세어 표로 나타내 봅니다.

풀이 ❶ 좋아하는 TV 프로그램별 학생 수를 표로 나타내기

좋아하는 TV 프로그램별 학생 수

TV 프로그램	음악	오락	드라마	교양
남학생 수(명)	5	9		
여학생 수(명)	7			

❷ 남학생 수가 여학생 수보다 더 많은 TV 프로그램 모두 찾기

프로그램별로 남학생 수와 여학생 수를 비교해 보면 남학생 수가 여학생 수보다 더 많은 TV 프로그램은 [ ] , [ ] 입니다.

답 [ ] , [ ]

2 민지네 학교 학생들이 놀이 공원에서 타고 싶은 놀이기구를 조사하여 나타낸 것입니다. 타고 싶은 놀이기구별 남학생 수와 여학생 수의 차가 가장 큰 놀이기구는 무엇입니까?

타고 싶은 놀이기구

| 바이킹 | 회전목마 | 범퍼카 | 회전컵 | 청룡열차 |

★ 남학생   ★ 여학생

문제 분석

구하려는 것에 밑줄을 긋고 주어진 조건을 정리해 보시오.
- 타고 싶은 놀이기구의 종류: 바이킹, 회전목마, 범퍼카, 회전컵, 청룡열차
- 조사한 자료에서 ★는 (남학생 , 여학생), ★는 (남학생 , 여학생)을 나타냅니다.

해결 전략

타고 싶은 놀이기구별 남녀 학생 수를 각각 세어 표로 나타내 봅니다.

풀이

❶ 타고 싶은 놀이기구별 학생 수를 표로 나타내기

❷ 남학생 수와 여학생 수의 차가 가장 큰 놀이기구 찾기

답

3 어느 찻집에서 오늘 판매한 차의 종류를 조사하여 나타낸 그림그래프입니다. 오늘 판매한 차가 모두 147잔일 때 홍차는 몇 잔 팔았습니까?

종류별 판매한 차

차	잔 수
녹차	🍵🍵🍵🍵🍵☕☕
홍차	
유자차	🍵☕☕☕☕☕☕☕
매실차	🍵🍵🍵🍵☕☕☕☕☕

🍵 10잔
☕ 1잔

문제 분석

구하려는 것에 밑줄을 긋고 주어진 조건을 정리해 보시오.

• 종류별 판매한 차를 조사하여 나타낸 그림그래프

• 오늘 판매한 차의 전체 잔 수: ☐ 잔

해결 전략

그림그래프에서 10잔은 (🍵 , ☕), 1잔은 (🍵 , ☕)으로 나타냅니다.

풀이

❶ 종류별 판매한 차의 잔 수를 표로 나타내기

종류별 판매한 차

차	녹차	홍차	유자차	매실차	합계
잔 수 (잔)					

❷ 홍차는 몇 잔 팔았는지 구하기

오늘 차를 모두 147잔 팔았으므로

홍차는 147 − ☐ − ☐ − ☐ = ☐ (잔) 팔았습니다.

답 ☐ 잔

4 한석이네 마을의 과수원에서 수확한 사과 수를 조사하여 나타낸 그림그래프입니다. 네 과수원에서 수확한 사과가 모두 960상자일 때 하늘 과수원에서 수확한 사과는 몇 상자입니까?

과수원별 수확한 사과 수

과수원	사과 수
싱싱	
초록	
하늘	
향기	

100상자
10상자

문제 분석

구하려는 것에 밑줄을 긋고 주어진 조건을 정리해 보시오.

• 과수원별 수확한 사과 수를 나타낸 그림그래프

• 네 과수원에서 수확한 전체 사과 상자 수: [   ]상자

해결 전략

그림그래프에서 100상자는 (,), 10상자는 (,)으로 나타냅니다.

풀이

❶ 과수원별 수확한 사과 수를 표로 나타내기

❷ 하늘 과수원에서 수확한 사과는 몇 상자인지 구하기

답

1 올해 윤서는 10살이고, 어머니는 42살입니다. 어머니 나이가 윤서 나이의 3배가 되는 때는 몇 년 후입니까?

> 해결
> 전략   1년 후, 2년 후, 3년 후, …… 윤서의 나이와 어머니의 나이를 표로 나타내 봅니다.

2 민아는 물 90 L가 들어 있는 물통에서 물을 3분에 12 L씩 퍼내고, 준호는 물 80 L가 들어 있는 물통에서 물을 4분에 8 L씩 퍼냈습니다. 두 사람이 동시에 물을 퍼내기 시작했을 때 두 사람의 물통에 남은 물의 양이 같아지는 때는 몇 분 후입니까? (단, 두 사람이 1분 동안 퍼내는 물의 양은 각각 일정합니다.)

> 해결
> 전략   두 사람이 각각 1분 동안 퍼내는 물의 양을 구한 다음 시간에 따라 물통에 남은 물의 양을 표로 나타내 봅니다.

버스 차고지에서 부산행 버스는 오전 9시 30분부터 50분마다 한 대씩 출발하고, 여수행 버스는 오전 9시 10분부터 30분마다 한 대씩 출발합니다. 부산행 버스와 여수행 버스가 처음으로 동시에 출발하는 시각은 오전 몇 시 몇 분입니까?

> **해결 전략** 출발 순서에 따라 두 버스의 출발 시각을 표로 나타내 봅니다.

 수연이네 학교 학생 674명의 혈액형을 조사하여 나타낸 그림그래프입니다. 혈액형이 O형인 학생이 AB형인 학생보다 23명 더 많을 때 AB형인 학생은 몇 명입니까?

혈액형별 학생 수

혈액형	학생 수
A형	🔴🔴🔴••••
B형	🔴●●●●●•••••••
O형	
AB형	

🔴 100명
● 10명
• 1명

> **해결 전략** AB형인 학생 수를 □명이라 하여 혈액형별 학생 수를 표로 나타내 봅니다.

5 양팔 저울은 양쪽 접시에 올려놓은 무게가 같을 때 수평이 됩니다. 양팔 저울의 왼쪽 접시에는 한 개의 무게가 150 g인 추를 몇 개 올려놓고, 오른쪽 접시에는 한 개의 무게가 200 g인 추를 몇 개 올려놓았더니 양팔 저울이 수평이 되었습니다. 올려놓은 150 g짜리 추와 200 g짜리 추는 각각 몇 개입니까? (단, 양팔 저울의 각 접시에 추를 1 kg까지 올려놓을 수 있습니다.)

▲ 양팔 저울

해결 전략 · 두 접시에 올려놓은 추의 무게가 같아지는 경우를 찾아봅니다.

6 가은이네 반 학급문고에 있는 종류별 책을 조사하여 나타낸 그림그래프입니다. 동화책이 32권, 위인전이 21권일 때 학급문고에 있는 책은 모두 몇 권입니까?

종류별 책의 수

동화책	학습 만화
과학책	위인전

종류별 책의 수

종류	동화책	학습 만화	과학책	위인전	합계
수 (권)	32			21	

해결 전략 · 먼저 그림그래프에서 📖과 📖이 각각 몇 권을 나타내는지 알아봅니다.

7 다빈이의 손목시계는 한 시간에 5분씩 일정하게 빨라집니다. 다빈이가 오늘 오후 3시에 손목시계의 시각을 정확하게 맞추었다면 오늘 오후 8시에 이 시계는 오후 몇 시 몇 분을 가리키겠습니까?

해결 전략 ⟩ 한 시간마다 정확한 시각과 빨라지는 시계가 가리키는 시각을 표로 나타내 봅니다.

8 왼쪽은 수민이가 마을별 물 사용량을 조사하여 나타낸 그림그래프입니다. 은우가 왼쪽 그림그래프의 내용을 오른쪽 그림그래프에 나타내려고 합니다. 오른쪽 그림 그래프를 완성해 보시오.

마을별 물 사용량

마을	물 사용량
가	💧 ••••
나	💧💧💧
다	💧💧 •

💧100 L 💧50 L •10 L

➡

마을별 물 사용량

마을	물 사용량
가	
나	
다	💧💧💧💧💧💧💧

💧100 L 💧10 L

해결 전략 ⟩ 왼쪽 그림그래프에서는 💧이 50 L를 나타내고, 오른쪽 그림그래프에서는 💧이 10 L를 나타냅니다.

도전, 창의사고력

세 학교의 축구팀이 홈 앤드 어웨이* 방법으로 축구 경기를 하였습니다. 세 팀의 경기 결과를 표에 정리하고 각각 몇 승 몇 패인지 쓰시오. (단, 비기는 경우는 없습니다.)

선율: 우리 팀은 어웨이 경기에서 모두 이겼어.

햇살: 우리 팀은 두 경기를 졌는데 그중 한 경기는 어웨이 경기였지.

용기: 우리 팀은 햇살초등학교 팀을 한 번도 이기지 못했어. 그리고 어웨이 경기에서는 한 번 이겼어.

* **홈 앤드 어웨이 (home and away)**
  자기 팀 경기장과 상대 팀 경기장에서 한 번씩 번갈아 경기하는 방법

어웨이 \ 홈	선율초	햇살초	용기초
선율초		패 / 승	패 / 승
햇살초			
용기초			

선율초등학교: ☐승 ☐패

햇살초등학교: ☐승 ☐패

용기초등학교: ☐승 ☐패

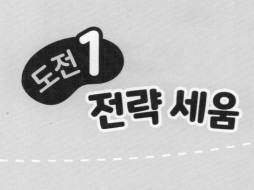

거꾸로 풀어 해결하기

익히기

거꾸로 풀어 해결하기

1 은빈이가 한 봉투에 7개씩 들어 있는 꽃씨를 몇 봉투 샀습니다. 꽃씨를 모두 꺼내서 9개의 화분에 4개씩 나누어 심었더니 6개가 남았습니다. 은빈이가 산 꽃씨는 몇 봉투입니까?

문제분석

구하려는 것에 밑줄을 긋고 주어진 조건을 정리해 보시오.

• 산 꽃씨 수: 한 봉투에 ☐개씩 몇 봉투

• 전체 꽃씨를 ☐개의 화분에 ☐개씩 나누어 심었더니 ☐개가 남았습니다.

해결전략

■ ÷ ▲ = ● ⋯ ★ ➡ ▲ × ● + ★ = ■

풀이

❶ 전체 꽃씨는 모두 몇 개인지 구하기

(전체 꽃씨 수) ÷ (화분 수) = (한 화분에 심은 꽃씨 수) ⋯ (남은 꽃씨 수)

이므로 (전체 꽃씨 수) ÷ ☐ = ☐ ⋯ ☐

➡ (전체 꽃씨 수) = 9 × ☐ + ☐ = ☐ (개)입니다.

❷ 꽃씨를 몇 봉투 샀는지 구하기

(한 봉투에 든 꽃씨 수) × (봉투 수) = (전체 꽃씨 수)이므로

☐ × (봉투 수) = ☐

➡ (봉투 수) = ☐ ÷ ☐ = ☐ (봉투)입니다.

답

☐봉투

46 문제 해결의 길잡이 심화 3

2 찬휘가 어제 구슬을 몇 개 사고 오늘 구슬을 38개 더 샀습니다. 어제와 오늘 산 구슬을 상자 9개에 8개씩 나누어 담았더니 5개가 남았습니다. 찬휘가 어제 산 구슬은 몇 개입니까?

문제 분석

구하려는 것에 밑줄을 긋고 주어진 조건을 정리해 보시오.

• 오늘 산 구슬 수: ☐개

• 전체 구슬을 ☐상자에 ☐개씩 나누어 담았더니 ☐개가 남았습니다.

해결 전략

(전체 구슬 수)÷(상자 수)＝(한 상자에 담은 구슬 수)…(남은 구슬 수)

➡ (상자 수)×(한 상자에 담은 구슬 수)＋(남은 구슬 수)＝(전체 구슬 수)

풀이

❶ 전체 구슬은 모두 몇 개인지 구하기

❷ 어제 산 구슬은 모두 몇 개인지 구하기

답

3 민규와 현우는 똑같은 과자를 한 통씩 가지고 있습니다. 민규는 한 통의 $\frac{2}{7}$인 12개를 먹었고, 현우는 한 통의 $\frac{1}{3}$을 먹었습니다. 현우가 먹은 과자는 몇 개입니까?

문제 분석 구하려는 것에 **밑줄을 긋고** 주어진 조건을 정리해 보시오.

- 민규가 먹은 과자 수: 한 통의 ▢인 ▢개

- 현우가 먹은 과자 수: 한 통의 ▢

해결 전략 한 통에 들어 있는 과자 수를 구한 다음 현우가 먹은 과자 수를 구합니다.

풀이 ❶ 과자 한 통의 $\frac{1}{7}$은 몇 개인지 구하기

과자 한 통의 $\frac{2}{7}$가 12개이므로

과자 한 통의 $\frac{1}{7}$은 $12 \div \boxed{} = \boxed{}$(개)입니다.

❷ 한 통에 들어 있는 과자는 모두 몇 개인지 구하기

과자 한 통의 $\frac{1}{7}$이 ▢개이므로

한 통에 들어 있는 과자는 모두 $\boxed{} \times 7 = \boxed{}$(개)입니다.

❸ 현우가 먹은 과자는 몇 개인지 구하기

현우는 한 통에 들어 있는 과자 ▢개의 $\frac{1}{3}$을 먹었으므로

현우가 먹은 과자는 $\boxed{} \div 3 = \boxed{}$(개)입니다.

답 ▢개

4 주하는 선물 받은 색연필의 $\frac{3}{8}$인 9자루를 갖고,
선물 받은 색연필의 $\frac{1}{4}$을 동생에게 주었습니다.
주하가 동생에게 준 색연필은 몇 자루입니까?

**문제
분석**

구하려는 것에 밑줄을 긋고 주어진 조건을 정리해 보시오.

• 주하가 가진 색연필 수: 선물 받은 색연필의 □인 □자루

• 동생에게 준 색연필 수: 선물 받은 색연필의 □

**해결
전략**

선물 받은 색연필 수를 구한 다음 동생에게 준 색연필 수를 구합니다.

풀이

❶ 선물 받은 색연필의 $\frac{1}{8}$은 몇 자루인지 구하기

❷ 선물 받은 색연필은 모두 몇 자루인지 구하기

❸ 동생에게 준 색연필은 몇 자루인지 구하기

답

5 진혁이네 학교는 수업을 40분 동안 하고 10분씩 쉽니다. 3교시 수업이 끝난 시각이 오른쪽과 같을 때 1교시 수업을 시작한 시각은 몇 시 몇 분입니까?

문제 분석

구하려는 것에 밑줄을 긋고 주어진 조건을 정리해 보시오.

• 수업 시간: [ ]분   • 쉬는 시간: [ ]분

• 3교시 수업이 끝난 시각: [ ]시 [ ]분

해결 전략

3교시 수업이 끝난 시각부터 거꾸로 생각하여 3교시 수업 시작 시각, 2교시 수업 시작 시각, 1교시 수업 시작 시각을 차례로 구합니다.

풀이

❶ 3교시 수업 시작 시각은 몇 시 몇 분인지 구하기

(3교시 수업이 끝난 시각)−(수업 시간)

= [ ]시 [ ]분−[ ]분= [ ]시 [ ]분

❷ 2교시 수업 시작 시각은 몇 시 몇 분인지 구하기

(3교시 수업 시작 시각)−(쉬는 시간)−(수업 시간)

= [ ]시 [ ]분−[ ]분−[ ]분= [ ]시 [ ]분

❸ 1교시 수업 시작 시각은 몇 시 몇 분인지 구하기

(2교시 수업 시작 시각)−(쉬는 시간)−(수업 시간)

= [ ]시 [ ]분−[ ]분−[ ]분= [ ]시 [ ]분

답

[ ]시 [ ]분

6 어느 기차역에서 앞 기차가 출발한 지 30분 후에 다음 기차가 역에 들어와서 5분 30초 동안 정차했다가 출발한다고 합니다. 네 번째 기차가 8시 27분에 기차역을 출발했다면 첫 번째 기차가 출발한 시각은 몇 시 몇 분 몇 초입니까?

문제분석

구하려는 것에 밑줄을 긋고 주어진 조건을 정리해 보시오.

• 앞 기차가 출발한 지 [ ]분 후에 다음 기차가 역에 들어와서

　[ ]분 [ ]초 동안 정차했다가 출발합니다.

• 네 번째 기차가 기차역을 출발한 시각: [ ]시 [ ]분

해결전략

네 번째 기차가 기차역을 출발한 시각부터 거꾸로 생각하여 세 번째 기차 출발 시각, 두 번째 기차 출발 시각, 첫 번째 기차 출발 시각을 차례로 구합니다.

풀이

❶ 세 번째 기차 출발 시각은 몇 시 몇 분 몇 초인지 구하기

❷ 두 번째 기차 출발 시각은 몇 시 몇 분인지 구하기

❸ 첫 번째 기차 출발 시각은 몇 시 몇 분 몇 초인지 구하기

답

거꾸로 풀어 해결하기

1 공장에서 어제와 오늘 이틀 동안 모자를 만들었습니다. 어제 만든 모자 중 125개를 팔고, 오늘 모자를 143개 더 만들었더니 공장에 있는 모자가 181개가 되었습니다. 어제 만든 모자는 몇 개입니까?

> **해결전략** 거꾸로 생각하여 계산할 때 덧셈은 뺄셈으로, 뺄셈은 덧셈으로 바꾸어 계산합니다.

2 서준이가 가지고 있던 색 테이프 중에서 20 cm 5 mm만큼은 리본을 만드는 데 사용하고, 8 cm 3 mm만큼은 카드를 꾸미는 데 사용하였습니다. 남은 색 테이프가 30 cm 8 mm일 때 처음에 가지고 있던 색 테이프는 몇 cm인지 소수로 나타내어 보시오.

> **해결전략** (전체 길이)−(사용한 길이)=(남은 길이) ➡ (사용한 길이)+(남은 길이)=(전체 길이)

3 ▲의 값을 구하시오.

$$63 \div \bullet = 9 \qquad \bullet \times \blacksquare = 91 \qquad \blacksquare \times 8 = \blacktriangle$$

> **해결전략** 나눗셈을 곱셈으로 바꾸어 생각하여 ●의 값을 구한 다음 ■와 ▲의 값을 차례로 구합니다.

4 예율이가 가지고 있던 색종이 중 12장을 사용하고, 남은 색종이를 9명의 친구에게 똑같이 나누어 주었습니다. 한 명에게 23장씩 주었더니 예율이에게는 한 장도 남지 않았다면 처음에 가지고 있던 색종이는 모두 몇 장입니까?

해결 전략 (사용하고 남은 색종이 수)÷(사람 수)=(한 사람에게 준 색종이 수)
➡ (한 사람에게 준 색종이 수)×(사람 수)=(사용하고 남은 색종이 수)

5 승호는 문구점에서 350원짜리 지우개 2개와 850원짜리 연필 4자루를 샀습니다. 돈을 내고 1900원을 거슬러 받았다면 승호가 낸 돈은 얼마입니까?

해결 전략 (낸 돈)-(지우개와 연필 가격의 합)=(거스름돈)
➡ (지우개와 연필 가격의 합)+(거스름돈)=(낸 돈)

6 돈을 넣으면 넣은 금액의 2배에 50원이 더해진 금액이 나오는 요술 상자가 있습니다. 윤서가 이 상자에 얼마를 넣었더니 350원이 나왔습니다. 윤서가 상자에 넣은 돈은 얼마입니까?

해결 전략 거꾸로 생각하여 계산할 때 덧셈은 뺄셈으로, 곱셈은 나눗셈으로 바꾸어 계산합니다.

7 떨어진 높이의 $\frac{3}{4}$만큼 튀어 오르는 공이 있습니다. 서인이가 이 공을 떨어뜨렸더니 90 cm만큼 튀어올랐습니다. 공을 떨어뜨린 높이는 몇 cm입니까?

> **해결 전략** 떨어뜨린 높이의 $\frac{1}{4}$이 몇 cm인지 구한 다음 4배하여 떨어뜨린 높이를 구합니다.

8 채희가 도서관에서 책을 빌려와서 집에 도착하자마자 책을 읽기 시작했습니다. 도서관에서 집까지 오는 데 15분 25초가 걸리고 책을 읽는 데 4분 20초가 걸렸습니다. 책을 다 읽은 시각이 오른 쪽과 같다면 도서관에서 출발한 시각은 몇 시 몇 분 몇 초입니까?

> **해결 전략** 책을 다 읽은 시각부터 거꾸로 생각하여 집에 도착한 시각, 도서관에서 출발한 시각을 차례로 구합니다.

9 어떤 수를 8로 나누었더니 몫이 12이고 나머지가 2였습니다. 2부터 9까지의 수 중에서 어떤 수를 나누어떨어지게 하는 수를 모두 구하시오.

> **해결전략** (나누어지는 수)÷(나누는 수)=(몫)…(나머지) ➡ (나누는 수)×(몫)+(나머지)=(나누어지는 수)

10 다인이네 집에서 배추김치를 담그는 데 소금을 1 kg 700 g 사용하고, 남은 소금의 $\frac{2}{5}$는 무김치를 담그는 데 사용하였습니다. 배추김치와 무김치를 담그고 남은 소금이 1 kg 500 g일 때 처음에 있던 소금은 몇 kg 몇 g입니까?

> **해결전략** 소금 1 kg 500 g만큼은 배추김치를 담그고 남은 소금의 얼마인지 알아봅니다.

라율이네 가족이 해안 도로를 따라 캠핑을 떠났습니다. 첫째 날은 최종 목적지까지 가는 거리의 $\frac{1}{3}$만큼, 둘째 날은 남은 거리의 $\frac{1}{5}$만큼, 셋째 날은 남은 거리의 $\frac{1}{4}$만큼 갔습니다. 넷째 날은 180 km만큼 갔는데 이 거리는 셋째 날까지 가고 남은 거리의 $\frac{1}{2}$만큼일 때 출발 지점부터 최종 목적지까지는 모두 몇 km입니까?

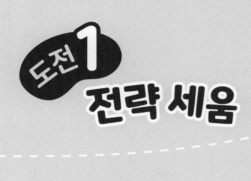

도전 1
전략 세움

규칙을 찾아 해결하기

1 다음과 같은 규칙으로 원을 그리고 있습니다. 8번째에 그려야 하는 원의 지름은 몇 cm입니까?

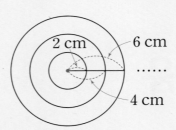

문제 분석

구하려는 것에 밑줄을 긋고 주어진 조건을 정리해 보시오.

첫 번째 원의 반지름은 ☐ cm, 두 번째 원의 반지름은 ☐ cm,

세 번째 원의 반지름은 ☐ cm, ……입니다.

해결 전략

그리는 순서에 따라 원의 반지름이 늘어나는 규칙을 찾습니다.

풀이

❶ 8번째에 그려야 하는 원의 반지름은 몇 cm인지 구하기

순서 (번째)	1	2	3	4	5	6	7	8
반지름 (cm)	2	4	6					

+2 +2 +2

➡ 순서가 한 번씩 늘어날 때마다 원의 반지름이 ☐ cm씩 늘어나므로

8번째에 그려야 하는 원의 반지름은 ☐ cm입니다.

❷ 8번째에 그려야 하는 원의 지름은 몇 cm인지 구하기

(원의 지름)＝(원의 반지름)×2＝ ☐ ×2＝ ☐ (cm)

답

☐ cm

2 다음과 같은 규칙으로 원을 그리고 있습니다. 7번째에 그려야 하는 원의 지름은 몇 cm입니까?

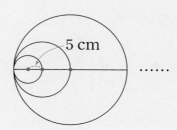

문제 분석 구하려는 것에 **밑줄을 긋고** 주어진 조건을 **정리해 보시오.**

첫 번째 원의 반지름은 ☐ cm,

두 번째 원의 반지름은 ☐ × 2 = ☐ (cm),

세 번째 원의 반지름은 ☐ × 2 = ☐ (cm), ······입니다.

해결 전략 그리는 순서에 따라 원의 반지름이 늘어나는 규칙을 찾습니다.

풀이 ❶ 7번째에 그려야 하는 원의 반지름은 몇 cm인지 구하기

❷ 7번째에 그려야 하는 원의 지름은 몇 cm인지 구하기

답

3 성냥개비를 다음과 같은 규칙으로 놓았습니다. 10번째 모양을 만드는 데 필요한 성냥개비는 몇 개입니까?

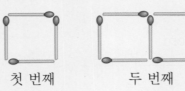 

첫 번째   두 번째   세 번째

문제 분석

구하려는 것에 밑줄을 긋고 주어진 조건을 정리해 보시오.

정사각형을 1개, 2개, 3개, …… 만드는 데 필요한 성냥개비는 각각 4개,

7개, ☐개, ……입니다.

해결 전략

만든 정사각형 수에 따라 필요한 성냥개비 수가 늘어나는 규칙을 찾습니다.

풀이

❶ 만든 정사각형 수에 따라 성냥개비가 몇 개씩 늘어나는지 알아보기

정사각형 수 (개)	1	2	3	4	5	……
성냥개비 수 (개)	4	7				……

+3   +3   ◯   ◯

➡ 정사각형 수가 한 개씩 늘어날 때마다 성냥개비 수는 ☐개씩 늘어 납니다.

❷ 10번째 모양을 만드는 데 필요한 성냥개비는 몇 개인지 구하기

10번째 모양은 첫 번째 모양보다 성냥개비가 ☐개씩 9번 늘어나므로

필요한 성냥개비 수가 4개보다 ☐×9=☐(개) 더 많습니다.

따라서 10번째 모양을 만드는 데 필요한 성냥개비의 수는

4+☐=☐(개)입니다.

답 ☐개

나무 막대를 다음과 같은 규칙으로 놓았습니다. 나무 막대를 25개 놓은 모양은 몇 번째 모양입니까?

첫 번째

두 번째

 ……
세 번째

문제 분석

구하려는 것에 밑줄을 긋고 주어진 조건을 정리해 보시오.

정삼각형을 1개, 2개, 3개, …… 만드는 데 필요한 나무 막대는 각각

3개, ☐개, ☐개, ……입니다.

해결 전략

만든 정삼각형 수에 따라 필요한 나무 막대 수가 늘어나는 규칙을 찾습니다.

풀이

❶ 만든 정삼각형 수에 따라 나무 막대가 몇 개씩 늘어나는지 알아보기

❷ 나무 막대를 25개 놓은 모양은 몇 번째 모양인지 구하기

답

1 다음과 같은 규칙으로 수가 놓여 있습니다. 15번째에 놓이는 수와 25번째에 놓이는 수의 합을 구하시오.

> 3 5 8 3 5 8 3 5 8 ……

해결
전략 수가 반복되어 놓이는 규칙을 찾아봅니다.

2 다음과 같은 규칙으로 주사위가 놓여 있습니다. 61번째에 놓이는 주사위의 눈의 수를 구하시오.

해결
전략 눈의 수가 반복되는 규칙을 찾고, 나눗셈을 이용하여 61번째 주사위의 눈의 수를 알아봅니다.

3 ㉮ 도시에서 ㉯ 도시로 가는 고속 버스의 출발 시각을 나타낸 표입니다. 지금 시각이 오전 8시 55분일 때 9번째로 출발하는 버스를 타려면 몇 분 기다려야 합니까?

순서 (번째)	1	2	3	4
출발 시각	오전 6시 30분	오전 6시 50분	오전 7시 10분	오전 7시 30분

해결
전략 출발 시각 사이의 규칙을 찾아 9번째로 출발하는 버스의 출발 시각을 알아봅니다.

4 연결큐브를 규칙적으로 늘어놓은 것입니다. 규칙에 따라 연결큐브를 50개 늘어놓 았을 때 노란색 연결큐브는 모두 몇 개입니까?

🔵 해결 전략 어떤 색 연결큐브가 몇 개씩 반복되어 놓이는지 알아봅니다.

5 규칙에 따라 분수를 늘어놓고 있습니다. 38번째에 놓이는 수를 구하시오.

$$\frac{1}{5} \quad \frac{1}{3} \quad \frac{2}{5} \quad \frac{2}{3} \quad \frac{3}{5} \quad 1 \quad \frac{4}{5} \quad 1\frac{1}{3} \quad \frac{5}{5} \quad 1\frac{2}{3} \quad \frac{6}{5} \cdots\cdots$$

🔵 해결 전략 홀수 번째에 놓이는 분수와 짝수 번째에 놓이는 분수의 규칙을 각각 찾아봅니다.

6 승희네 집 앞 횡단보도의 보행자 신호등은 20초 동안 초록색 등이 켜지고, 2분 동안 빨간색 등이 켜지기를 반복합니다. 오후 3시 5분에 이 신호등에 초록색 등이 켜졌다면 오후 3시 5분부터 오후 3시 15분 사이에 빨간색 등은 모두 몇 번 켜집 니까?

🔵 해결 전략 초록색 등과 빨간색 등이 각각 몇 분 간격으로 켜지는지 알아봅니다.

7 보기 는 3을 여러 번 곱한 결과입니다. 3을 35번 곱할 때 곱의 일의 자리 숫자를 구하시오.

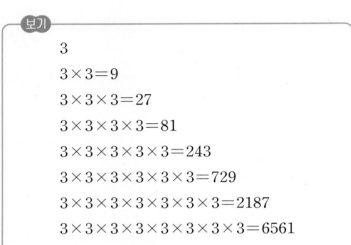

보기

$$3$$
$$3 \times 3 = 9$$
$$3 \times 3 \times 3 = 27$$
$$3 \times 3 \times 3 \times 3 = 81$$
$$3 \times 3 \times 3 \times 3 \times 3 = 243$$
$$3 \times 3 \times 3 \times 3 \times 3 \times 3 = 729$$
$$3 \times 3 \times 3 \times 3 \times 3 \times 3 \times 3 = 2187$$
$$3 \times 3 \times 3 \times 3 \times 3 \times 3 \times 3 \times 3 = 6561$$

해결 전략 | 곱의 일의 자리 숫자가 반복되는 규칙을 찾습니다.

8 다음과 같은 규칙으로 바둑돌이 놓여 있습니다. 흰색 바둑돌이 45개 놓인 모양에는 검은색 바둑돌이 몇 개 놓입니까?

   ······

첫 번째   두 번째   세 번째

해결 전략 | 순서에 따라 흰색 바둑돌 수와 검은색 바둑돌 수가 늘어나는 규칙을 찾습니다.

9 반지름이 3 cm인 원을 이용하여 규칙에 따라 다음 도형을 그렸습니다. 사각형의 네 변의 길이의 합이 144 cm인 도형에서 원은 모두 몇 개입니까?

  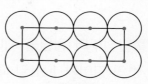 ······

첫 번째　　　　　두 번째　　　　　　세 번째

- 먼저 각 모양에서 사각형의 네 변의 길이의 합은 원의 반지름의 몇 배인지 알아봅니다.
- 원의 개수와 사각형의 네 변의 길이의 합 사이의 규칙을 찾습니다.

10 보기와 같은 규칙에 따라 주어진 덧셈식을 곱셈식으로 나타내시오.

보기

$$1+2+3=2\times 3$$
$$1+2+3+4+5=3\times 5$$
$$1+2+3+4+5+6+7=4\times 7$$
$$1+2+3+4+5+6+7+8+9=5\times 9$$

➡ $17+18+19+20+21+22+23+24+25=$ _____

- 연속하는 수들이 홀수개씩 더해집니다.
- $\underbrace{(\blacksquare-1)+\blacksquare+(\blacksquare+1)}_{3개}=\blacksquare\times 3$

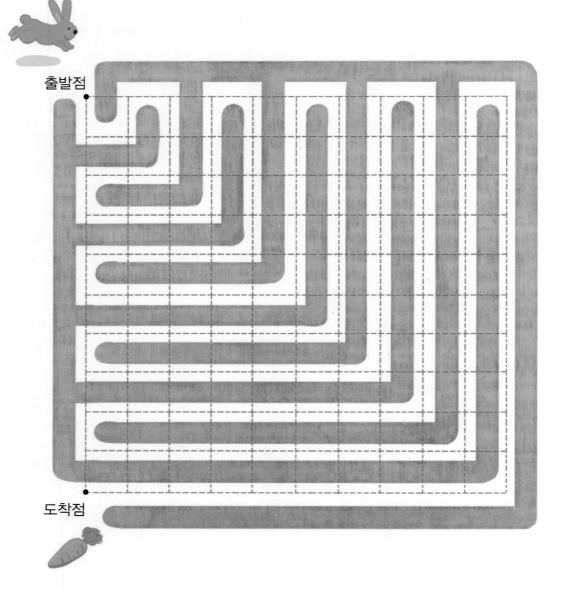
도전, 창의사고력

토끼가 출발점부터 정원을 지나 당근이 있는 도착점까지 가려고 합니다. 모눈 한 칸의 한 변의 길이가 1 m일 때 토끼는 모두 몇 m를 가야 합니까?

출발점

도착점

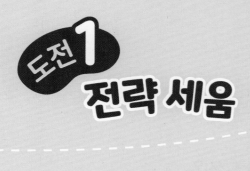

예상과 확인으로 해결하기

1 ㉠＋㉡－㉢의 값을 구하시오.

$$\begin{array}{r} ㉠\,6 \\ \times\quad ㉡ \\ \hline 3\ ㉢\ 8 \end{array}$$

문제 분석

구하려는 것에 밑줄을 긋고 주어진 조건을 정리해 보시오.

㉠6×㉡＝ ☐ ㉢ ☐

해결 전략

6×㉡의 일의 자리 숫자가 ☐ 이므로 6단 곱셈구구 중 곱의 일의 자리 숫자가 ☐ 인 경우를 생각해 봅니다.

➡ 6×3＝ ☐ , 6× ☐ ＝ ☐

풀이

❶ ㉡＝3으로 예상하고 ㉠과 ㉢에 알맞은 수 확인하기

㉡＝3이면 6×3＝ ☐ 이므로

㉠이 9라고 해도 96× ☐ ＝ ☐ 이 됩니다.

❷ ㉡＝8로 예상하고 ㉠과 ㉢에 알맞은 수 확인하기

㉡＝8이면 6× ☐ ＝ ☐ 이고,

이때 곱의 백의 자리 숫자가 3이 되어야 하므로 ㉠＝4라고 예상하면

46× ☐ ＝ ☐ 이 됩니다.

➡ ㉠＝ ☐ , ㉡＝ ☐ , ㉢＝ ☐

❸ ㉠＋㉡－㉢의 값 구하기

㉠＋㉡－㉢＝ ☐ ＋ ☐ － ☐ ＝ ☐

답 ☐

2

㉠과 ㉡에 알맞은 수를 각각 구하시오.

$$
\begin{array}{r}
㉠\,9\,㉡ \\
\times\ \ \ \ \ \ 4 \\
\hline
1\ 5\ 8\ 4
\end{array}
$$

문제 분석

구하려는 것에 **밑줄을 긋고** 주어진 조건을 정리해 보시오.

㉠9㉡×4= ☐

해결 전략

㉡×4의 일의 자리 숫자가 ☐이므로 4단 곱셈구구 중 곱의 일의 자리 숫자가 ☐인 경우를 생각해 봅니다.

➡ 4×1= ☐ , 4× ☐ = ☐

풀이

❶ ㉡에 알맞은 수 구하기

❷ ㉠에 알맞은 수 구하기

답

3 네 장의 수 카드를 한 번씩만 사용하여 다음 나눗셈식을 완성해 보시오.

 3 7 9 4 ➡ ☐☐ ÷ 5 = ☐ ⋯ ☐

문제 분석

구하려는 것에 **밑줄을 긋고** 주어진 조건을 정리해 보시오.

• 사용할 수 있는 수 카드: 3, 7, 9, 4

• 수 카드로 만든 두 자리 수를 ☐ 로 나눕니다.

해결 전략

• 5로 나눈 몫을 각각 3, 7, 9, 4로 예상하여 나누어지는 수를 구하고, 나머지 수 카드로 나누어지는 수를 만들 수 있는지 확인합니다.

• 나머지는 나누는 수보다 항상 (커야 , 작아야) 하므로 5로 나눌 때 수 카드 의 수 중 나머지가 될 수 있는 수는 ☐ , ☐ 입니다.

풀이

❶ 몫을 3으로 예상하고 나누어지는 수 확인하기

☐ ÷ 5 = 3 ⋯ ☐ 이면 5 × 3 = ☐ ➡ ☐ + ☐ = ☐

이때 나머지 ☐ 가 4이면 ☐ = ☐ 이므로

수 카드를 사용하여 나눗셈식을 만들 수 없습니다.

❷ 몫을 7로 예상하고 나누어지는 수 확인하기

☐ ÷ 5 = 7 ⋯ ☐ 이면 5 × 7 = ☐ ➡ ☐ + ☐ = ☐

이때 나머지 ☐ 가 3이면 ☐ = ☐ 이므로

수 카드를 사용하여 나눗셈식을 만들 수 없습니다.

이때 나머지 ☐ 가 4이면 ☐ = ☐ 이므로

수 카드를 사용하여 나눗셈식을 만들 수 있습니다.

답

☐☐ ÷ 5 = ☐ ⋯ ☐

4 네 장의 수 카드를 한 번씩만 사용하여 다음 나눗셈식을 완성해 보시오.

$$\boxed{2} \quad \boxed{4} \quad \boxed{5} \quad \boxed{8} \;\rightarrow\; \boxed{}\boxed{} \div 6 = \boxed{} \cdots \boxed{}$$

**문제
분석**

구하려는 것에 밑줄을 긋고 주어진 조건을 정리해 보시오.

• 사용할 수 있는 수 카드: 2, 4, 5, 8

• 수 카드로 만든 두 자리 수를 $\boxed{}$으로 나눕니다.

**해결
전략**

• 6으로 나눈 몫을 각각 2, 4 ,5, $\boxed{}$로 예상하여 나누어지는 수를 구하고, 나머지 수 카드로 나누어지는 수를 만들 수 있는지 확인합니다.

• 6으로 나눌 때 수 카드의 수 중 나머지가 될 수 있는 수는 $\boxed{}$, $\boxed{}$, $\boxed{}$ 입니다.

풀이

❶ 몫을 2로 예상하고 나누어지는 수 확인하기

❷ 몫을 4로 예상하고 나누어지는 수 확인하기

❸ 몫을 5로 예상하고 나누어지는 수 확인하기

❹ 몫을 8로 예상하고 나누어지는 수 확인하기

답

5 지안이네 목장에서 소와 오리를 모두 합하여 70마리 기르고 있습니다. 소와 오리의 다리 수의 합이 208개일 때 목장에서 기르는 소는 몇 마리입니까?

문제 분석

구하려는 것에 밑줄을 긋고 주어진 조건을 정리해 보시오.

• 소와 오리 수의 합: ◻마리　　• 다리 수의 합: ◻개

해결 전략

합이 ◻마리가 되도록 소와 오리 수를 예상하고

다리 수의 합이 ◻개가 되는지 확인해 봅니다.

풀이

❶ 소를 35마리로 예상하고 다리 수 확인하기

소를 35마리로 예상하면 오리는 ◻−35=◻(마리)입니다.

(소의 다리 수)$= 4 \times 35 =$ ◻(개)

(오리의 다리 수)$= 2 \times$ ◻$=$ ◻(개)

➡ (다리 수의 합)$=$ ◻$+$ ◻$=$ ◻(개)

❷ 소를 34마리로 예상하고 다리 수 확인하기

소를 34마리로 예상하면 오리는 $70-$ ◻$=$ ◻(마리)입니다.

(소의 다리 수)$= 4 \times$ ◻$=$ ◻(개)

(오리의 다리 수)$= 2 \times$ ◻$=$ ◻(개)

➡ (다리 수의 합)$=$ ◻$+$ ◻$=$ ◻(개)

따라서 목장에서 기르는 소는 ◻마리입니다.

답

◻마리

6 호연이가 종이봉투와 비닐봉투를 모두 합하여 24개 가지고 있습니다. 종이봉투에는 풍선을 5개씩 넣고, 비닐봉투에는 풍선을 3개씩 넣었습니다. 봉투에 넣은 풍선이 모두 100개일 때 종이봉투는 몇 개입니까?

문제 분석

구하려는 것에 밑줄을 긋고 주어진 조건을 정리해 보시오.

• 종이봉투와 비닐봉투 수의 합: ☐ 개

• 한 봉투에 넣은 풍선 수: 종이봉투에 ☐ 개씩, 비닐봉투에 ☐ 개씩

• 풍선 수의 합: ☐ 개

해결 전략

합이 ☐ 개가 되도록 종이봉투와 비닐봉투 수를 예상하고

풍선 수의 합이 ☐ 개가 되는지 확인해 봅니다.

풀이

❶ 종이봉투를 12개로 예상하고 풍선 수 확인하기

❷ 종이봉투를 13개로 예상하고 풍선 수 확인하기

❸ 종이봉투를 14개로 예상하고 풍선 수 확인하기

답

예상과 확인으로 해결하기

1 ☐ 안에 알맞은 수를 써넣으시오.

$$
\begin{array}{r}
\boxed{}\ 4 \\
\times\quad 2\ \boxed{} \\
\hline
3\ 0\ \boxed{} \\
\boxed{}\ 8 \\
\hline
\boxed{}\ 8\ 6 \\
\end{array}
$$

해결
전략   먼저 4단 곱셈구구 중 곱의 일의 자리 숫자가 6이 되는 경우를 예상해 봅니다.

2 저금통에 10원짜리 동전과 100원짜리 동전이 모두 합하여 20개 들어 있습니다. 동전 금액의 합이 830원일 때 저금통에 들어 있는 100원짜리 동전은 몇 개입니까?

해결
전략   10원짜리와 100원짜리 동전 수의 합이 20개가 되는 경우를 예상하고 금액의 합을 확인해 봅니다.

3 합이 900에 가장 가까운 두 수를 골라 두 수의 합을 구하시오.

| 474 | 315 | 380 | 602 |

해결
전략   주어진 수를 각각 몇백으로 어림하여 합이 900에 가까운 두 수를 골라 더해 봅니다.

4 분모와 분자의 합이 23이고 차가 7인 진분수를 구하시오.

> 해결전략 분모와 분자의 합이 23이 되는 경우를 예상하고 차가 7인지 확인해 봅니다.

5 길이가 30 cm인 끈을 모두 사용하여 각 변의 길이가 자연수인 직사각형을 만들려고 합니다. 만들 수 있는 직사각형은 모두 몇 가지입니까? (단, 돌렸을 때 모양이 같으면 같은 직사각형으로 생각합니다.)

> 해결전략 직사각형의 네 변의 길이의 합이 30 cm가 되도록 긴 변과 짧은 변의 길이를 예상해 봅니다.

6 민유는 100원짜리, 50원짜리, 10원짜리 동전을 각각 5개씩 가지고 있습니다. 500원짜리 지우개를 한 개 살 때 돈을 낼 수 있는 방법은 모두 몇 가지입니까?

> 해결전략 동전이 각각 5개씩 있으므로 같은 동전은 최대 5개까지 사용할 수 있습니다.

7 식목일에 주현이네 반 학생 40명이 나무 534그루를 심었습니다. 남학생은 15그루씩, 여학생은 12그루씩 심었을 때 주현이네 반 남학생과 여학생은 각각 몇 명 입니까?

> **해결 전략** 합이 40명이 되도록 남학생과 여학생 수를 예상하고 심은 나무 수의 합이 534그루인지 확인해 봅니다.

8 네 장의 수 카드 중 세 장을 뽑아 다음 식을 완성하려고 합니다. ㉠, ㉡, ㉢에 알 맞은 수를 각각 구하시오.

| 565 | 723 | 172 | 555 | ➡ | ㉠ | − | ㉡ | + | ㉢ | = 340 |

> **해결 전략** 계산 결과가 340이 되도록 먼저 ㉢에 알맞은 수를 예상해 봅니다.

9 ㉠, ㉡, ㉢에 알맞은 수를 각각 구하시오. (단, ㉠>㉡입니다.)

$$
\begin{array}{r}
㉡\,㉢ \\
㉠\,)\overline{\,7\;㉣\,} \\
㉤ \\
\hline
1\;7 \\
㉥\;㉦ \\
\hline
2
\end{array}
$$

해결 전략 : 구할 수 있는 수를 먼저 구한 다음 식을 완성할 수 있도록 수를 예상하고 확인해 봅니다.

10 4부터 12까지의 수를 한 번씩만 모두 써넣어 가로, 세로, 대각선 위에 놓인 세 수의 합이 모두 같아지도록 빈칸에 알맞은 수를 써넣으시오.

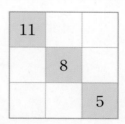

해결 전략 : 가로, 세로, 대각선 위에 놓인 세 수의 합이 주어진 세 수 11, 8, 5의 합과 같아야 합니다.

도전, 창의사고력

보기와 같이 저울의 왼쪽 접시에는 과일을 한 개 올리고 오른쪽 접시에는 추를 3개만 올려서 과일의 무게를 정확히 재려고 합니다. 주어진 추가 다음과 같을 때 3개의 추를 이용하여 무게를 정확히 잴 수 없는 과일을 모두 찾아 ×표 하시오.

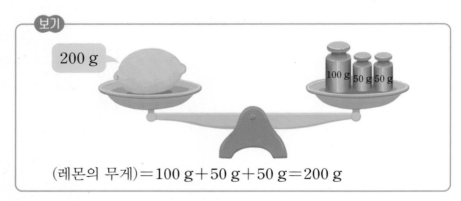

보기

200 g

100 g 50 g 50 g

(레몬의 무게)=100 g+50 g+50 g=200 g

500 g 500 g 200 g 200 g 100 g 100 g 50 g 50 g

450 g

400 g

500 g

550 g

1.3 kg

600 g

750 g

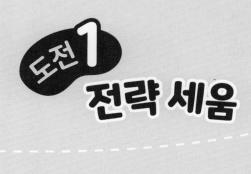

조건을 따져 해결하기

조건을 따져 해결하기

1 다음과 같이 원 4개의 중심을 이어 사각형 ㄱㄴㄷㄹ을 만들었습니다. 사각형 ㄱㄴㄷㄹ의 네 변의 길이의 합은 몇 cm입니까?

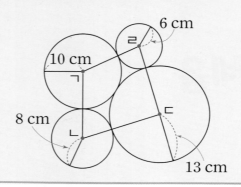

문제 분석

구하려는 것에 밑줄을 긋고 주어진 조건을 정리해 보시오.

원 4개의 반지름: 10 cm, 8 cm, 13 cm, ⬚ cm

해결 전략

사각형의 한 변의 길이는 맞닿은 두 원의 (반지름 , 지름)을 더한 길이와 같습니다.

풀이

❶ 사각형 ㄱㄴㄷㄹ의 각 변의 길이는 몇 cm인지 구하기

(변 ㄱㄴ)=10+⬚=⬚ (cm)

(변 ㄴㄷ)=8+⬚=⬚ (cm)

(변 ㄷㄹ)=⬚+6=⬚ (cm)

(변 ㄱㄹ)=10+⬚=⬚ (cm)

❷ 사각형 ㄱㄴㄷㄹ의 네 변의 길이의 합은 몇 cm인지 구하기

(변 ㄱㄴ)+(변 ㄴㄷ)+(변 ㄷㄹ)+(변 ㄱㄹ)

=⬚+⬚+⬚+⬚=⬚ (cm)

답 ⬚ cm

2 다음은 원 두 개를 겹쳐서 그린 것입니다. 삼각형 ㄱㄴㄷ의 세 변의 길이의 합은 몇 cm입니까?

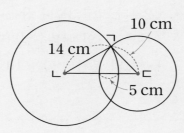

구하려는 것에 **밑줄을 긋고** 주어진 조건을 정리해 보시오.

• 변 ㄱㄴ의 길이: ☐ cm

• 변 ㄱㄷ의 길이: ☐ cm

• 변 ㄴㄷ에서 두 원이 만나 겹쳐진 부분의 길이: ☐ cm

**해결
전략** 변 ㄴㄷ의 길이는 큰 원의 반지름과 작은 원의 반지름의 합보다 ☐ cm 만큼 더 (깁니다 , 짧습니다).

풀이 ❶ 변 ㄴㄷ의 길이는 몇 cm인지 구하기

❷ 삼각형 ㄱㄴㄷ의 세 변의 길이의 합은 몇 cm인지 구하기

답

3 다음 조건에 알맞은 분수를 가분수로 나타내시오.

- 2보다 크고 3보다 작습니다.
- 분모가 7인 대분수입니다.
- 분모와 분자의 합은 10입니다.

문제 분석

구하려는 것에 밑줄을 긋고 주어진 조건을 정리해 보시오.

- ☐보다 크고 ☐보다 작은 대분수입니다.

- 분모가 ☐이고 분모와 분자의 합은 ☐입니다.

해결 전략

대분수 $\blacksquare \dfrac{\bullet}{\blacktriangle}$를 가분수로 나타내면 $\dfrac{\blacksquare \times \blacktriangle + \bullet}{\blacktriangle}$입니다.

풀이

① 조건에 알맞은 대분수의 자연수 부분 구하기

조건에 알맞은 분수는 ☐보다 크고 ☐보다 작은 대분수이므로

자연수 부분은 ☐입니다.

② 조건에 알맞은 대분수 구하기

자연수 부분이 ☐, 분모가 ☐, 분자가 10 − ☐ = ☐이므로

조건에 알맞은 대분수는 ☐입니다.

③ 조건에 알맞은 대분수를 가분수로 나타내기

☐을 가분수로 나타내면 ☐입니다.

답 ☐

다음 조건에 알맞은 분수를 모두 구하시오.

> • 분모가 11인 대분수입니다.
>
> • $\dfrac{26}{11}$ 보다 크고 $\dfrac{31}{11}$ 보다 작습니다.

문제 분석 구하려는 **것**에 밑줄을 긋고 주어진 조건을 정리해 보시오.

• 분모가 ☐ 인 대분수입니다.

• $\dfrac{26}{11}$ 보다 크고 $\dfrac{31}{11}$ 보다 작습니다.

해결 전략 주어진 가분수를 대분수로 바꾸어 조건에 알맞은 분수의 범위를 구합니다.

 ① 주어진 가분수를 대분수로 바꾸어 나타내기

② 조건에 알맞은 분수 모두 구하기

답

5 무게가 같은 양파 5개가 들어 있는 바구니의 무게가 5 kg 600 g입니다. 양파 한 개의 무게가 900 g일 때 양파 두 개가 들어 있는 바구니의 무게는 몇 kg 몇 g입니까?

문제 분석

구하려는 것에 밑줄을 긋고 주어진 조건을 정리해 보시오.

• 무게가 같은 양파 5개가 들어 있는 바구니의 무게: ☐ kg ☐ g

• 양파 한 개의 무게: ☐ g

해결 전략

먼저 양파 5개의 무게를 이용하여 빈 바구니의 무게를 구합니다.

풀이

❶ 양파 5개의 무게는 몇 kg 몇 g인지 구하기

☐ g+☐ g+☐ g+☐ g+☐ g

=☐ g=☐ kg ☐ g

❷ 빈 바구니의 무게는 몇 kg 몇 g인지 구하기

(양파 5개가 들어 있는 바구니의 무게)−(양파 5개의 무게)

=5 kg 600 g−☐ kg ☐ g=☐ kg ☐ g

❸ 양파 두 개가 들어 있는 바구니의 무게는 몇 kg 몇 g인지 구하기

(빈 바구니의 무게)+(양파 두 개의 무게)

=☐ kg ☐ g+☐ g+☐ g=☐ kg ☐ g

답 ☐ kg ☐ g

6 똑같은 책 7권이 들어 있는 상자의 무게를 재어 보았더니 4 kg 700 g이었습니다. 이 상자에서 책 3권을 꺼낸 후 책이 들어 있는 상자의 무게를 재었더니 3 kg 500 g이었습니다. 책 한 권의 무게는 몇 g입니까?

문제 분석

구하려는 것에 밑줄을 긋고 주어진 조건을 정리해 보시오.

• 책 7권이 들어 있는 상자의 무게: ☐ kg ☐ g

• 책 3권을 꺼낸 후 잰 무게: ☐ kg ☐ g

해결 전략

(책 7권이 들어 있는 상자의 무게)−(책 3권을 꺼낸 후 잰 무게)

=(책 ☐ 권의 무게)

풀이

❶ 책 3권의 무게는 몇 kg 몇 g인지 구하기

❷ 책 한 권의 무게는 몇 g인지 구하기

답

1 다음 조건에 알맞은 소수 ■.▲를 모두 구하시오.

> • 4보다 크고 5보다 작은 수입니다.
> • 0.1이 46개인 수보다 큽니다.

해결 전략 자연수 부분 ■에 알맞은 수부터 생각해 봅니다.

2 태웅이와 미나는 각각 길이가 1 m인 철사를 가지고 있습니다. 철사를 겹치지 않게 이어 붙여 각자 다음과 같은 직사각형과 정사각형을 한 개씩 만들었습니다. 남은 철사의 길이가 더 긴 사람은 누구입니까?

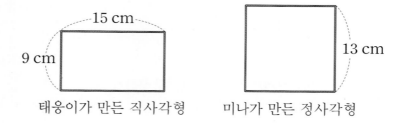

태웅이가 만든 직사각형   미나가 만든 정사각형

해결 전략 먼저 직사각형과 정사각형의 네 변의 길이의 합을 각각 구합니다.

3 ㉠★㉡=㉠×㉡−㉠이라고 약속할 때 다음을 계산하시오. (단, 앞에서부터 차례로 계산합니다.)

> 54 ★ 6

해결 전략 ㉠에 54, ㉡에 6을 넣어 식으로 나타냅니다.

4 유진이네 가족이 희망 초등학교 합창단 발표회에 가려고 합니다. 유진이네 가족은 입장료로 모두 얼마를 내야 합니까?

유진

우리 가족은 할아버지, 할머니, 큰아버지, 큰어머니, 아버지, 어머니, 대학생인 삼촌, 초등학생인 사촌 오빠, 나, 동생으로 모두 10명입니다.

희망 초등학교 합창단 발표회

장소: 본교 예술관

일시: 4월 9일 오후 1시 30분

입장료: 어른 850원, 어린이(초등학생까지) 550원

단체 할인: 어른이 5명보다 많이 입장할 때 어른 입장료는
5명까지는 한 사람당 850원씩, 6명째부터는
한 사람당 750원씩입니다.

해결 전략 어른이 5명보다 많으므로 단체 할인을 받을 수 있습니다.

5 5장의 수 카드 중 4장을 뽑아 한 번씩만 사용하여 다음 곱셈식을 만들려고 합니다. 구할 수 있는 곱 중 가장 큰 곱을 구하시오.

해결 전략 곱하는 두 수의 십의 자리에 큰 수가 올수록 곱이 큽니다.

6 ■에 알맞은 수 중 가장 작은 자연수를 구하시오.

$$359 + \blacksquare > 164 \times 4$$

해결
전략 먼저 $359 + \blacksquare = 164 \times 4$일 때 ■에 알맞은 수를 구해 봅니다.

7 4장의 수 카드 중 3장을 뽑아 한 번씩만 사용하여 다음 나눗셈식을 만들려고 합니다. 만든 나눗셈식의 몫이 가장 작을 때 몫과 나머지를 각각 구하시오.

해결
전략 나누어지는 수가 작을수록 나누는 수가 클수록 몫이 작습니다.

8 원 4개의 중심을 이어 직사각형 ㄱㄴㄷㄹ을 만들었습니다. 색깔이 같은 원끼리 크기가 같을 때 직사각형 ㄱㄴㄷㄹ의 네 변의 길이의 합은 몇 cm입니까?

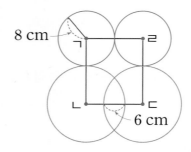

해결
전략 직사각형은 마주 보는 두 변의 길이가 서로 같음을 이용하여 큰 원의 반지름을 구합니다.

9 다음 조건에 모두 알맞은 수를 구하시오.

- 39보다 크고 50보다 작은 수입니다.
- 8로 나누어떨어집니다.
- 이 수보다 2 큰 수는 7로 나누어떨어집니다.

해결
전략 두 번째 조건에 알맞은 수들 중에서 첫 번째 조건에 알맞은 수를 찾고, 그 중 세 번째 조건에 알맞은 수를 찾습니다.

10 무게가 같은 야구공 10개가 들어 있는 가방의 무게가 3 kg 800 g입니다. 이 가방에서 야구공 2개를 꺼낸 후 무게를 재었더니 3 kg 500 g이었다면 빈 가방의 무게는 몇 kg 몇 g입니까?

해결
전략 먼저 야구공 2개의 무게를 구한 다음 야구공 10개의 무게를 이용하여 빈 가방의 무게를 구합니다.

도전, 창의사고력

은지, 유리, 선호네 아버지가 주차장에 주차하려고 합니다. 주차 요금이 가장 적게 나오도록 주차하려면 세 아버지는 각각 어느 주차장에 주차해야 합니까?

주차 요금표

	가 주차장	나 주차장	다 주차장
기본 요금	2500원	3000원	2000원
추가 요금	10분에 300원씩	30분까지 추가 요금 없음. 30분이 지나면 10분에 500원씩	1분에 50원씩

단순화하여 해결하기

1 다음 도형에서 찾을 수 있는 크고 작은 사각형은 모두 몇 개입니까?

문제 분석

구하려는 것에 **밑줄을 긋고** 주어진 조건을 정리해 보시오.

주어진 도형은 작은 사각형 ⬜개를 붙여 만든 것과 같습니다.

해결 전략

• 이웃하는 사각형을 묶어 하나의 사각형으로 볼 수 있습니다.
• 작은 사각형 1개, 2개, 3개, 4개, 5개로 이루어진 사각형을 각각 찾아 세어 봅니다.

풀이

❶ 작은 사각형 1개, 2개, 3개, 4개, 5개로 이루어진 사각형 모두 찾기

| ① | ② | ③ | ④ | ⑤ |

• 1개짜리: ①, ②, ③, ④, ⑤ ➡ 5개
• 2개짜리: ①+②, ②+③, ③+⬜, ④+⬜ ➡ ⬜개
• 3개짜리: ①+②+③, ②+③+⬜, ③+⬜+⬜ ➡ ⬜개
• 4개짜리: ①+②+③+④, ②+⬜+⬜+⬜ ➡ ⬜개
• 5개짜리: ①+⬜+⬜+⬜+⬜ ➡ ⬜개

❷ 찾을 수 있는 크고 작은 사각형은 모두 몇 개인지 구하기

도형에서 찾을 수 있는 크고 작은 사각형은 모두

5+⬜+⬜+⬜+⬜=⬜(개)입니다.

답

⬜개

2 다음 도형에서 찾을 수 있는 크고 작은 삼각형은 모두 몇 개입니까?

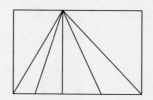

**문제
분석**

구하려는 것에 밑줄을 긋고 주어진 조건을 정리해 보시오.

주어진 도형은 작은 삼각형 ☐ 개를 붙여 만든 것과 같습니다.

**해결
전략**

• 이웃하는 삼각형을 묶어 하나의 삼각형으로 볼 수 있습니다.

• 작은 삼각형 1개, 2개, ☐ 개, ☐ 개로 이루어진 삼각형을 각각 찾아 세어
봅니다.

풀이

❶ 작은 삼각형 1개, 2개, 3개, 4개로 이루어진 삼각형 모두 찾기

❷ 찾을 수 있는 크고 작은 삼각형은 모두 몇 개인지 구하기

답

3 크기가 같은 원 6개를 다음과 같이 겹치지 않게 이어 붙여 그렸습니다. 원의 반지름이 3 cm일 때 파란색 선의 길이는 몇 cm입니까?

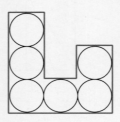

문제 분석

구하려는 것에 밑줄을 긋고 주어진 조건을 정리해 보시오.

• 파란색 선 안에 원 ☐ 개를 겹치지 않게 이어 붙여 그렸습니다.

• 원의 반지름: ☐ cm

해결 전략

파란색 선의 길이가 원의 지름의 몇 배와 같은지 알아봅니다.

풀이

❶ 원의 지름은 몇 cm인지 구하기

(원의 지름)＝(원의 반지름)×☐＝3×☐＝☐ (cm)

❷ 파란색 선의 길이는 몇 cm인지 구하기

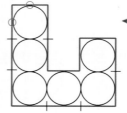

← 파란색 선에 원의 지름이 몇 개 있는지 ○표 하여 세어 보시오.

파란색 선은 원의 지름의 ☐ 배입니다.

➡ (파란색 선의 길이)＝6×☐＝☐ (cm)

답 ☐ cm

4 크기가 같은 원 8개를 다음과 같이 겹치지 않게 이어 붙여 그렸습니다. 원의 반지름이 8 cm일 때 초록색 선의 길이는 몇 cm입니까?

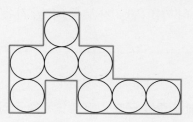

문제 분석

구하려는 것에 **밑줄을 긋고** 주어진 조건을 **정리해 보시오.**

• 초록색 선 안에 원 ☐ 개를 겹치지 않게 이어 붙여 그렸습니다.

• 원의 반지름: ☐ cm

해결 전략

초록색 선의 길이가 원의 지름의 몇 배와 같은지 알아봅니다.

풀이

❶ 원의 지름은 몇 cm인지 구하기

❷ 초록색 선의 길이는 몇 cm인지 구하기

답

5 길이가 95 m인 도로의 한쪽에 같은 간격으로 가로등을 6개 설치했습니다. 도로의 시작과 끝에도 가로등을 설치한다면 가로등과 가로등 사이의 거리는 몇 m입니까? (단, 가로등의 굵기는 생각하지 않습니다.)

문제 분석 구하려는 것에 **밑줄을 긋고** 주어진 조건을 정리해 보시오.

• 도로 한쪽의 길이: ☐ m

• 설치한 가로등 수: ☐ 개

해결 전략 가로등과 가로등 사이의 거리는 설치한 가로등 수에 따라 달라지므로 설치한 가로등 수를 3개, 4개로 단순화하여 알아본 후 문제를 해결합니다.

풀이 ❶ 가로등을 6개 설치했을 때 가로등과 가로등 사이의 간격 수 알아보기

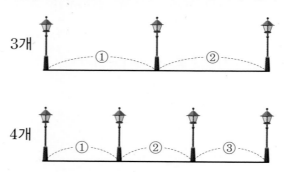

가로등을 3개 설치하면 간격은 3−1=☐ (군데) 생기고,

가로등을 4개 설치하면 간격은 4−1=☐ (군데) 생깁니다.

➡ 가로등을 6개 설치하면 간격은 6−1=☐ (군데) 생깁니다.

❷ 가로등을 6개 설치했을 때 가로등과 가로등 사이의 거리는 몇 m인지 구하기

(가로등과 가로등 사이의 거리)=(도로의 길이)÷(간격 수)

=☐ ÷ ☐ = ☐ (m)

답 ☐ m

6 길이가 9 cm 4 mm인 리본 10도막을 5 mm씩 겹치게 이어 붙였습니다. 이어 붙여 만든 리본의 전체 길이는 몇 cm 몇 mm입니까?

9 cm 4 mm   9 cm 4 mm

문제 분석

구하려는 것에 밑줄을 긋고 주어진 조건을 정리해 보시오.

• 리본 한 도막의 길이: ☐ cm ☐ mm

• 리본 도막 수: ☐도막

• 겹치는 부분의 길이: ☐ mm

해결 전략

• (이어 붙여 만든 리본의 전체 길이)
  =(리본 10도막의 길이의 합)−(겹치는 부분의 길이의 합)
• 리본 도막을 ■개 이어 붙이면 겹치는 부분은 (■−1)군데 생깁니다.

풀이

❶ 리본 10도막을 이어 붙일 때 겹치는 부분의 수 알아보기

❷ 리본 10도막의 길이의 합은 몇 cm인지 구하기

❸ 이어 붙여 만든 리본의 전체 길이는 몇 cm 몇 mm인지 구하기

답

1 길이가 63 m인 도로의 한쪽에 7 m 간격으로 나무를 심었습니다. 도로의 시작과 끝에도 나무를 심었다면 심은 나무는 모두 몇 그루입니까? (단, 나무의 굵기는 생각하지 않습니다.)

> **해결전략** 나무 사이의 간격 수가 2군데, 3군데, ……일 때 심은 나무 수를 생각해 봅니다.

2 네 변의 길이의 합이 72 cm인 정사각형 안에 똑같은 크기의 원 9개를 오른쪽과 같이 겹치지 않게 이어 붙여 그렸습니다. 원의 반지름은 몇 cm입니까?

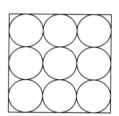

> **해결전략** 정사각형의 한 변의 길이가 원의 반지름의 몇 배인지 알아봅니다.

3 오른쪽은 크기가 같은 정사각형 16개를 겹치지 않게 이어 붙여 만든 도형입니다. 도형에서 찾을 수 있는 크고 작은 정사각형은 모두 몇 개입니까?

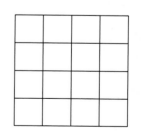

> **해결전략** 이웃하는 작은 정사각형들을 하나의 정사각형으로 볼 수 있습니다.

4 굵기가 일정한 통나무를 쉬지 않고 8도막으로 똑같이 나누어 자르는 데 35분이 걸렸습니다. 통나무를 한 번 자르는 데 걸리는 시간이 일정하다면 통나무를 한 번 자르는 데 걸리는 시간은 몇 분입니까?

> **해결 전략** 통나무를 2도막, 3도막, ……으로 자를 때 자르는 횟수를 생각해 봅니다.

5 다음과 같이 직선을 가로로 49개, 세로로 49개 그었을 때 각 직선이 만나서 생기는 점은 모두 몇 개입니까?

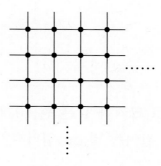

> **해결 전략** 가로로 ■개, 세로로 ■개의 직선을 그었을 때 점의 수를 간단하게 구하는 방법을 생각해 봅니다.

6 오른쪽 도형에서 찾을 수 있는 크고 작은 삼각형은 모두 몇 개입니까?

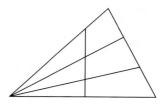

> **해결 전략** 작은 도형 1개, 2개, 3개 , ……로 이루어진 삼각형을 각각 찾아 세어 봅니다.

7 2분 동안 700 mL의 물이 새는 그릇이 있습니다. 이 그릇에 1분 동안 1 L 600 mL 의 물이 나오는 수도를 틀어 물을 받았습니다. 물을 6분 동안 받았다면 그릇에 남아 있는 물은 몇 L 몇 mL입니까?

> **해결 전략** (1분 동안 물을 받을 때 그릇에 남아 있는 물 양)
> =(1분 동안 수도에서 나오는 물 양)−(1분 동안 그릇에서 새는 물 양)

8 다음과 같은 규칙으로 크기가 같은 원 10개를 서로 중심을 지나도록 겹쳐서 그렸습니다. 선분 ㄱㄴ의 길이는 몇 cm입니까?

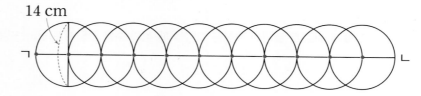

14 cm

> **해결 전략** 원을 2개, 3개, …… 겹쳐서 그릴 때 원의 반지름과 선분 ㄱㄴ의 길이 사이의 관계를 알아봅니다.

9 다음과 같이 정사각형 모양의 땅에 기둥을 세우려고 합니다. 한 변에 같은 간격으로 기둥을 60개씩 세우려면 기둥이 모두 몇 개 필요합니까?

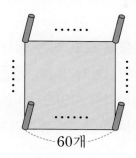

60개

해결전략 한 변에 기둥을 3개씩, 4개씩, …… 세울 때 필요한 전체 기둥 수를 알아봅니다.

10 다음과 같은 규칙으로 한 변의 길이가 8 cm인 정사각형을 15층까지 그렸습니다. 15층까지 그린 그림에서 둘레는 몇 cm입니까?

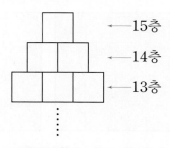

←─15층
←─14층
←─13층

해결전략 주어진 도형 둘레의 일부를 옮겨 봅니다.

⟨3×3⟩ 정사각형 모양 와플을 크고 작은 정사각형으로 나눌 때 나눌 수 있는 정사각형의 개수는 보기와 같이 3가지입니다. 보기와 같은 방법으로 ⟨4×4⟩ 정사각형 모양 와플을 크고 작은 정사각형 모양으로 나누면 나눌 수 있는 정사각형의 개수는 모두 7가지입니다. 나눈 정사각형 개수별 7가지 방법을 선으로 나타내 보시오.

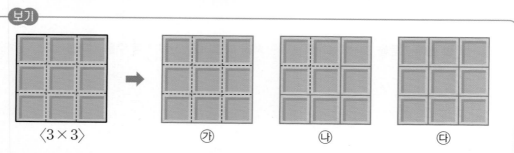

보기

⟨3×3⟩   ㉮   ㉯   ㉰

㉮ ⟨3×3⟩ 정사각형 1개 ➡ 1개로 나누는 경우

㉯ ⟨2×2⟩ 정사각형 1개와 ⟨1×1⟩ 정사각형 5개

   ➡ 1+5=6(개)로 나누는 경우

㉰ ⟨1×1⟩ 정사각형 9개 ➡ 9개로 나누는 경우

따라서 만들 수 있는 정사각형의 개수는 모두 3가지입니다.

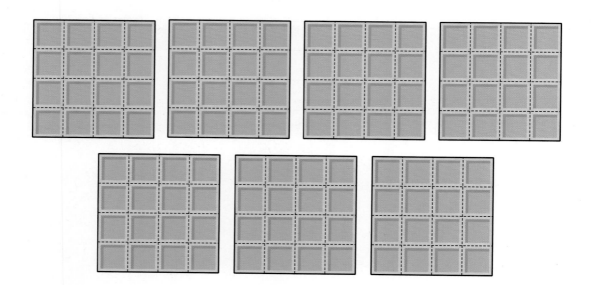

도전2 전략 이룸 60제

해결 전략 완성으로 문장제·서술형 고난도 유형 도전하기

나의 공부 계획

	쪽수	공부한 날	확인
1~10번	104 ~ 105쪽	월 일	
	106 ~ 107쪽	월 일	
11~20번	108 ~ 109쪽	월 일	
	110 ~ 111쪽	월 일	
21~30번	112 ~ 113쪽	월 일	
	114 ~ 115쪽	월 일	
31~40번	116 ~ 117쪽	월 일	
	118 ~ 119쪽	월 일	
41~50번	120 ~ 121쪽	월 일	
	122 ~ 123쪽	월 일	
51~60번	124 ~ 125쪽	월 일	
	126 ~ 127쪽	월 일	

전략 이룸 **60**제

바른답 • 알찬풀이 27쪽

그림을 그려 해결하기

1 오른쪽 그림에서 전체가 1일 때 색칠한 부분을 소수로 나타내시오.

식을 만들어 해결하기

2 정우네 반 학생들이 운동장에 삼각형 모양 46개와 사각형 모양 41개를 그렸습니다. 그린 삼각형과 사각형의 꼭짓점은 모두 몇 개입니까?

거꾸로 풀어 해결하기

3 어떤 수를 7로 나누어야 할 것을 잘못하여 6으로 나누었더니 몫이 13이고 나머지가 3이었습니다. 바르게 계산했을 때 몫과 나머지를 각각 구하시오.

4 다음과 같이 크기가 다른 원 2개를 겹쳐서 그렸습니다. 삼각형 ㄱㄴㄷ의 세 변의 길이의 합은 몇 cm입니까?

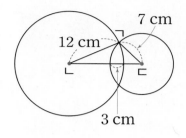

5 사과가 한 봉지에 6개씩 27봉지와 낱개로 14개가 있습니다. 이 사과 중 80개를 팔고, 남은 사과를 한 상자에 7개씩 담으려고 합니다. 사과는 최대 몇 상자에 담을 수 있고 몇 개가 남겠습니까?

조건을 따져 해결하기

6 5장의 수 카드 중에서 3장을 뽑아 한 번씩만 사용하여 세 자리 수를 만들려고 합니다. 만들 수 있는 수 중 두 번째로 큰 수와 세 번째로 작은 수의 차를 구하시오.

| 3 | 5 | 0 | 7 | 6 |

식을 만들어 해결하기

7 철사를 겹치지 않게 이어 붙여 한 변의 길이가 16 cm인 정사각형 한 개를 만들었습니다. 이 철사를 남김없이 사용하여 긴 변의 길이가 9 cm인 크기가 같은 직사각형 2개를 만들었습니다. 만든 직사각형의 짧은 변의 길이는 몇 cm입니까?

8 분모와 분자의 합이 32이고 곱이 247인 진분수를 구하시오.

9 세 자리 수 중에서 십의 자리 숫자가 0인 수는 모두 몇 개입니까?

10 민건이는 동화책을 125쪽까지 읽었습니다. 남은 쪽수가 185쪽이라면 앞으로 몇 쪽을 더 읽어야 이 책의 $\frac{1}{2}$을 읽게 됩니까?

11 강당에 긴 의자가 여러 개 있습니다. 남학생 37명과 여학생 48명이 긴 의자 하나에 6명씩 앉으려고 합니다. 모든 학생이 앉으려면 긴 의자는 적어도 몇 개 필요합니까?

식을 만들어 해결하기

그림을 그려 해결하기

12 희연이 어머니는 밭 전체의 $\frac{1}{2}$에 배추를 심고 나머지의 $\frac{4}{5}$에 무를 심었습니다. 배추와 무를 심고 남은 부분에 고추를 심었다면 고추를 심은 부분은 밭 전체의 얼마인지 소수로 나타내시오.

예상과 확인으로 해결하기

13 찬휘가 펼친 책의 왼쪽의 쪽수와 오른쪽의 쪽수의 곱은 1980입니다. 펼친 면의 두 쪽수를 각각 구하시오.

조건을 따져 해결하기

14 다음은 바둑돌 6개를 직사각형 모양으로 놓은 것입니다. 이와 같은 방법으로 바둑돌 48개를 직사각형 모양으로 놓는 방법은 모두 몇 가지입니까? (단, 바둑돌을 한 줄로 길게 늘어놓는 경우는 제외하고, 돌려서 같은 모양이 되는 것은 한 가지로 생각합니다.)

● ● ●
● ● ●

조건을 따져 해결하기

15 3장의 수 카드 중 2장을 한 번씩만 사용하여 두 자리 수를 만들고, 이 수를 남은 수 카드의 수로 나누려고 합니다. 나머지가 가장 클 때의 나머지를 구하시오.

바른답 • 알찬풀이 28쪽

식을 만들어 해결하기

16 물이 5분에 20 L씩 나오는 수도꼭지와 3분에 9 L씩 나오는 수도꼭지가 있습니다. 두 수도꼭지를 동시에 틀어서 물 98 L를 받으려면 물을 몇 분 동안 받아야 합니까? (단, 두 수도꼭지에서 1분 동안 나오는 물의 양은 각각 일정합니다.)

예상과 확인으로 해결하기

17 어느 퀴즈 대회에서 주어지는 기본 점수는 30점이고 한 문제를 맞히면 5점을 얻고, 한 문제를 틀리면 2점을 잃는다고 합니다. 준우가 14문제를 풀고 86점을 받았다면 준우가 맞힌 문제는 몇 개입니까?

조건을 따져 해결하기

18 4장의 수 카드 중 3장을 골라 한 번씩만 사용하여 다음 곱셈식을 만들려고 합니다. 만든 곱셈식의 가장 작은 곱을 구하시오.

19

단순화하여 해결하기

다음과 같이 상자 안에 통조림 12개를 남는 부분 없이 맞닿게 넣었습니다. 통조림을 위에서 본 모양은 반지름이 4 cm인 원이고 상자를 위에서 본 모양은 직사각형입니다. 상자를 위에서 본 모양의 네 변의 길이의 합은 몇 cm입니까? (단, 상자의 두께는 생각하지 않습니다.)

20

조건을 따져 해결하기

다음 조건을 만족하는 소수 ■.▲를 모두 구하시오.

> • 0.1이 13개인 수보다 작습니다.
> • ▲는 홀수입니다.

바른답 • 알찬풀이 **29쪽**

그림을 그려 해결하기

21 준상이가 먹은 과자는 전체 과자의 $\frac{2}{9}$ 이고, 수희가 먹은 과자는 준상이가 먹고 남은 과자의 $\frac{3}{7}$ 입니다. 남은 과자가 8개라면 처음에 있던 과자는 몇 개입니까?

예상과 확인으로 해결하기

22 서로 다른 두 수 ■와 ▲가 있습니다. 큰 수 ■를 작은 수 ▲로 나눈 몫은 12이고 나머지는 3입니다. 두 수의 합이 94일 때 두 수 ■와 ▲를 각각 구하시오.

규칙을 찾아 해결하기

23 2를 55번 곱할 때 곱의 일의 자리 숫자를 구하시오.

24 영화 두 편을 쉬지 않고 연달아 상영하는 극장이 있습니다. 첫 번째 영화의 상영 시간은 1시간 40분 15초이고 두 번째 영화의 상영 시간은 1시간 25분 50초입니다. 영화 두 편이 모두 끝난 시각이 오후 2시 15분 40초일 때 첫 번째 영화가 시작한 시각은 오전 몇 시 몇 분 몇 초입니까?

25 ☐ 안에 알맞은 수는 모두 7보다 작습니다. ☐ 안에 알맞은 수를 써넣으시오.

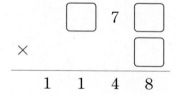

바른답 • 알찬풀이 29쪽

그림을 그려 해결하기

26 선진이가 다음과 같은 길을 따라 집에서 학교까지 가려고 합니다. 가장 가까운 길로 간 다면 선진이가 걸어야 하는 거리는 몇 km 몇 m입니까?

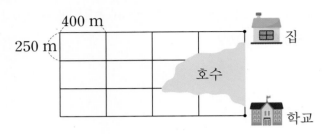

예상과 확인으로 해결하기

27 희주는 한 마리에 300원 하는 금붕어와 한 마리에 400원 하는 열대어를 섞어서 모두 8마리 사고 2700원을 냈습니다. 희주는 금붕어를 몇 마리 샀습니까?

조건을 따져 해결하기

28 아영이가 일요일부터 시작하여 일주일 동안 하루에 푼 수학 문제 수를 나타낸 표입니다. 일주일 동안 푼 전체 문제 수의 $\frac{5}{8}$ 만큼까지 문제를 푼 날은 무슨 요일입니까?

요일	일	월	화	수	목	금	토	합계
문제 수(개)	12	8	9	11	8	10	6	

29 식을 만들어 해결하기

우진이가 오후 5시 30분 50초에 보낸 소포가 다음 날 오전 11시 20분 10초에 삼촌 댁에 도착하였습니다. 삼촌이 우진이에게 보낸 선물은 도착하는 데 10시간 57분 15초가 걸렸습니다. 우진이가 보낸 소포와 삼촌이 보낸 선물 중 누가 보낸 것이 도착하는 데 몇 시간 몇 분 몇 초 더 오래 걸렸습니까?

30 예상과 확인으로 해결하기

4장의 수 카드를 ☐ 안에 한 번씩만 넣어 만들 수 있는 나눗셈식을 모두 쓰시오.

 ➡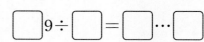

거꾸로 풀어 해결하기

31 어떤 수에 259를 더해야 할 것을 잘못하여 259의 백의 자리 숫자와 십의 자리 숫자를 바꾼 수를 뺐더니 273이 되었습니다. 바르게 계산한 값을 구하시오.

조건을 따져 해결하기

32 들이가 300 mL인 컵 한 개와 들이가 500 mL인 컵 한 개를 사용하여 수조에 물 100 mL를 담는 방법을 설명해 보시오.

단순화하여 해결하기

33 다음 도형에서 찾을 수 있는 크고 작은 직사각형은 모두 몇 개입니까?

34

길이가 28 cm인 색 테이프 30장을 3 cm씩 겹쳐서 이어 붙였습니다. 이어 붙인 색 테이프의 전체 길이는 몇 cm입니까?

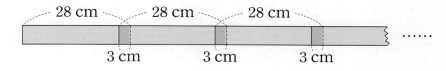

35

다음과 같은 규칙으로 모양을 늘어놓고 있습니다. 8번째에 놓이는 ■ 모양과 ● 모양의 수의 차는 몇 개입니까?

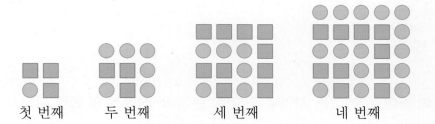

첫 번째   두 번째   세 번째   네 번째

식을 만들어 해결하기

36 어제는 밤의 길이가 낮의 길이보다 20분 20초 더 짧았습니다. 어제 낮의 길이는 몇 시간 몇 분 몇 초였습니까?

예상과 확인으로 해결하기

37 서로 다른 3장의 수 카드를 한 번씩만 사용하여 다음 곱셈식을 만들었습니다. 만든 곱셈식의 가장 작은 곱이 96일 때 ★을 구하시오.

예상과 확인으로 해결하기

38 ☐ 안에 들어갈 수 있는 자연수 중 가장 큰 수와 작은 수의 합을 구하시오.

$$32 \times 43 < 65 \times \boxed{} < 2000$$

39 다음과 같이 사각형 ㄱㄴㅁㅂ 안에 큰 정사각형 한 개와 작은 정사각형 두 개를 그렸습니다. 선분 ㄱㄷ과 선분 ㄴㄷ의 길이가 같을 때 색칠한 정사각형의 크기는 사각형 ㄱㄴㅁㅂ의 크기의 얼마인지 분수로 나타내시오.

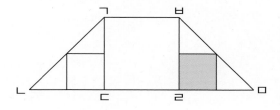

40 다음과 같이 크기가 다른 4개의 저울이 쌓여 있습니다. ㉡ 저울만의 무게는 몇 g입니까? (단, 저울의 오른쪽에 적힌 무게는 각 저울의 바늘이 가리키는 눈금입니다.)

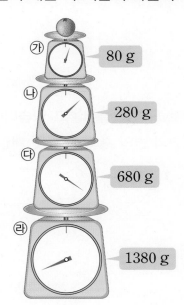

단순화하여 해결하기

41 오른쪽은 지름이 8 cm인 원을 6개 그린 다음 이를 둘러싼 파란색 선을 그린 것입니다. 파란색 선의 길이는 몇 cm입니까?
(단, 파란색 선의 두께는 생각하지 않습니다.)

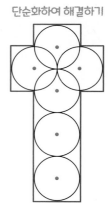

조건을 따져 해결하기

42 4와 7로 각각 나누었을 때 나머지가 모두 3인 수 중에서 60에 가장 가까운 수를 구하시오.

규칙을 찾아 해결하기

43 다음과 같은 규칙으로 도형을 늘어놓고 있습니다. 50번째에 놓이는 도형의 변의 수와 99번째에 놓이는 도형의 변의 수의 합은 몇 개입니까?

44 다음은 큰 원의 지름 위에 반지름이 3 cm인 작은 원을 서로 중심을 지나도록 겹쳐서 그린 것입니다. 작은 원을 최대 몇 개까지 그릴 수 있습니까?

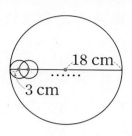

45 어느 빵집에서 한 달 동안 종류별 팔린 빵의 수를 조사하여 나타낸 그림그래프입니다. 한 달 동안 팔린 빵은 모두 3000개이고 단팥빵의 수가 크림빵 수의 $\frac{2}{3}$일 때 가장 많이 팔린 빵은 가장 적게 팔린 빵보다 몇 개 더 많이 팔렸습니까?

종류별 팔린 빵의 수

종류	빵의 수
식빵	⬤⬤●
크림빵	⬤●○○○○○○○○
단팥빵	
도넛	

⬤ 500개
● 100개
○ 10개

단순화하여 해결하기

46 원 12개를 맞닿게 그리고 원의 중심을 이어 다음과 같은 직사각형을 만들었습니다. 색깔이 같은 원끼리 크기가 같고 큰 원의 반지름은 9 cm입니다. 만든 직사각형의 네 변의 길이의 합이 156 cm일 때 작은 원의 반지름의 길이는 몇 cm입니까?

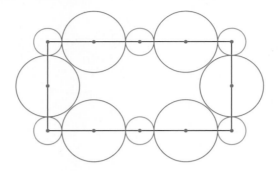

조건을 따져 해결하기

47 ㉠에 알맞은 수 중 가장 작은 수와 ㉡에 알맞은 수 중 가장 큰 수의 합을 구하시오. (단, ㉠과 ㉡은 자연수입니다.)

$$813 - ㉠ < 298 + 167$$
$$702 - 154 > 365 + ㉡$$

48 예상과 확인으로 해결하기

화살을 던져 풍선을 맞히는 게임을 하였습니다. 기본 점수가 200점이고 풍선을 맞히면 15점을 얻고, 맞히지 못하면 12점을 잃습니다. 유주는 화살을 12번 던져서 총 164점을 얻었습니다. 유주가 풍선을 맞힌 횟수는 몇 번입니까?

49 식을 만들어 해결하기

공책 2권과 지우개 3개의 값은 3060원이고 같은 공책 4권과 같은 지우개 5개의 값은 5600원입니다. 공책 한 권과 지우개 한 개의 가격은 각각 얼마입니까?

50 거꾸로 풀어 해결하기

두바이가 오후 1시일 때 인천은 같은 날 오후 6시입니다. 두바이에서 출발한 비행기가 8시간 45분 40초 동안 비행하여 인천 공항에 인천의 시각으로 오후 3시 20분 30초에 도착하였습니다. 이 비행기가 두바이 공항에서 출발한 시각은 두바이의 시각으로 오전 몇 시 몇 분 몇 초입니까?

그림을 그려 해결하기

51 다음은 3개의 끈 ㉠, ㉡, ㉢의 길이와 가로등의 높이를 비교한 것입니다. ㉠, ㉡, ㉢의 길이의 합이 27 m일 때 가로등의 높이는 몇 m입니까?

> • 가로등의 높이는 ㉠ 끈의 길이의 $\frac{1}{2}$입니다.
>
> • 가로등의 높이는 ㉡ 끈의 길이의 $\frac{1}{3}$입니다.
>
> • 가로등의 높이는 ㉢ 끈의 길이의 $\frac{1}{4}$입니다.

조건을 따져 해결하기

52 수아네 학교 3학년 반별 학생 수를 조사하여 나타낸 그림그래프입니다. 2반 학생 수는 1반과 5반 학생 수의 합의 $\frac{3}{5}$입니다. 풍선 가게에서 한 개에 90원인 풍선을 100개보다 많이 사면 전체 풍선 중 50개는 풍선 1개당 10원을 할인해서 판매한다고 합니다. 3학년 전체 학생에게 풍선을 한 개씩 나누어 주려면 풍선 값으로 얼마가 필요합니까?

반별 학생 수

반	학생 수
1	😊😊 😊😊😊
2	
3	😊😊 😊😊😊😊
4	😊😊 😊😊😊😊
5	😊😊 😊😊

😊10명
😊 1명

53 계산 결과가 119가 되도록 숫자들 사이에 ＋, －를 알맞게 써넣으시오. (단, ＋, －를 여러 번 사용해도 됩니다.)

> 1　1　1　1　1　1　1　1 = 119

54 일정한 간격으로 점 15개가 있습니다. 이 점들을 이어 만들 수 있는 크고 작은 직사각형은 모두 몇 개입니까?

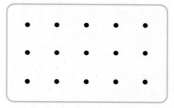

55 세 자리 수의 덧셈을 나타낸 것입니다. 세 자리 수 ㉠㉡㉢과 24㉣의 차가 가장 작을 때 서로 다른 숫자 ㉠, ㉡, ㉢, ㉣을 각각 구하시오.

$$
\begin{array}{r}
㉠\ ㉡\ ㉢ \\
+\quad 2\ 4\ ㉣ \\
\hline
1\ 2\ 2\ 1
\end{array}
$$

규칙을 찾아 해결하기

56 다음과 같은 규칙으로 도형을 그리고 있습니다. 다섯 번째 도형에서 찾을 수 있는 직각은 모두 몇 개입니까?

첫 번째   두 번째   세 번째

규칙을 찾아 해결하기

57 규칙에 따라 분수를 늘어놓고 있습니다. 33번째 분수는 29번째 분수의 몇 배입니까?

$$\frac{1}{2} \quad \frac{1}{3} \quad \frac{2}{3} \quad \frac{1}{4} \quad \frac{2}{4} \quad \frac{3}{4} \quad \frac{1}{5} \quad \frac{2}{5} \quad \frac{3}{5} \quad \frac{4}{5} \cdots \cdots$$

예상과 확인으로 해결하기

58 오른쪽 과녁판에 화살을 5번 쏘아 모두 맞혔습니다. 얻은 점수의 합이 150점보다 크고 200점보다 작은 경우는 모두 몇 가지입니까? (단, 화살이 경계선 위를 맞히는 경우는 없습니다.)

59 계산기를 사용하여 1부터 365까지의 수를 차례로 모두 더하려고 합니다. ➕, ✖ 버튼을 제외하고 숫자 버튼을 최소한 몇 번 눌러야 합니까?

60 2부터 18까지의 짝수가 적혀 있는 구슬 9개를 다음과 같이 꿰었습니다. 가로, 세로, 대각선 줄에 꿴 구슬에 적힌 세 수의 합이 모두 같아지도록 빈 구슬에 알맞은 수를 써넣으시오.

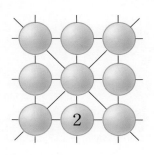

전략 이룸 **127**

Memo

도전3 경시 대비 평가

최고 수준 문제로 교내외 경시 대회 도전하기

나의 공부 계획

		번호	공부한 날		확인
1회		1~5번	월	일	
		6~10번	월	일	
2회		1~5번	월	일	
		6~10번	월	일	
3회		1~5번	월	일	
		6~10번	월	일	

1 다음 도형에서 찾을 수 있는 크고 작은 정사각형은 모두 몇 개입니까?

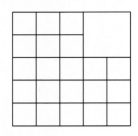

2 연주네 학교 3학년 학생 96명이 한 경기에 8명씩 달리기를 하고 있습니다. 상품으로 연필을 1등에게 3자루, 2등에게 2자루, 3등에게 1자루 주려고 합니다. 상품으로 필요한 연필은 모두 몇 자루입니까? (단, 동시에 들어오는 학생은 없습니다.)

3 민재네 학교 3학년은 남학생이 전체의 $\frac{5}{9}$ 이고 여학생은 남학생보다 30명 더 적습니다. 남학생의 $\frac{1}{3}$ 과 여학생의 $\frac{1}{4}$ 이 안경을 썼다면 안경을 쓴 학생은 모두 몇 명입니까?

4 다섯 마을의 가구 수를 조사하여 나타낸 그림그래프입니다. 전체 가구 수는 502가구이고 마 마을의 가구 수는 라 마을 가구 수의 $\frac{2}{3}$ 입니다. 다 마을의 가구 수가 나 마을 가구 수보다 35가구 더 많을 때 그림그래프를 완성하시오.

마을별 가구 수

가	나	다
🏠🏠🏠🏠 △●●●		
라	**마**	🏠50가구 🏠10가구
🏠🏠🏠🏠 △●●		△ 5가구 ● 1가구

5 다음은 지민이의 생일에 대한 설명입니다. 지민이의 생일은 몇 월 며칠입니까?

- 태어난 달의 수는 홀수입니다.
- 달의 수는 날짜의 수보다 작고 달의 수와 날짜의 수를 더하면 22입니다.
- 달의 수와 날짜의 수를 곱하면 110보다 크고 130보다 작습니다.

6 하루에 6분 20초씩 일정하게 늦어지는 시계가 있습니다. 이 시계의 시각을 월요일 오전 9시에 정확하게 맞추어 놓았다면 같은 주 금요일 오후 9시에 이 시계가 가리키는 시각은 오후 몇 시 몇 분 몇 초입니까?

7 다음과 같은 규칙으로 반지름이 5 cm인 원을 이용하여 도형을 그리고 있습니다. 15번째 도형의 빨간색 선의 길이는 14번째 도형의 빨간색 선의 길이보다 몇 cm 더 깁니까?

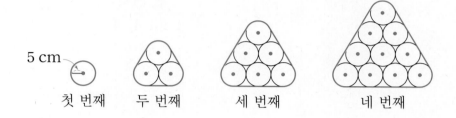

5 cm

첫 번째　　두 번째　　세 번째　　네 번째

8 다음과 같이 길이가 7 cm 4 mm인 색 테이프 여러 장을 8 mm씩 겹치게 이어 붙였습니다. 이어 붙여 만든 색 테이프의 전체 길이가 73.4 cm일 때 이어 붙인 색 테이프는 모두 몇 장입니까?

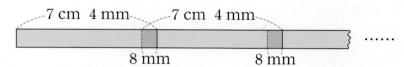

7 cm 4 mm　　7 cm 4 mm

8 mm　　8 mm　　……

9 같은 기호는 같은 숫자를 나타내고, 다른 기호는 다른 숫자를 나타냅니다. 다음 덧셈식에 알맞은 한 자리 수 ㉠, ㉡, ㉢을 각각 구하시오.

$$
\begin{array}{r}
㉠\ ㉡\ ㉢ \\
+\quad ㉢\ ㉠\ ㉡ \\
\hline
1\ ㉡\ 4\ 4
\end{array}
$$

10 윗접시 저울은 양쪽의 무게가 같을 때 수평을 이룹니다. 윗접시 저울에 크기가 다른 귤 ㉮, ㉯, ㉰, ㉱를 다음과 같이 올려 놓았더니 모두 수평을 이루었습니다. 귤 ㉰와 ㉱의 무게의 합이 81 g일 때 귤 ㉮, ㉯, ㉰, ㉱의 무게는 각각 몇 g입니까?

10점 X ☐ 개 = ☐ 점

1 빈 통에 물을 3 L 150 mL들이 그릇으로 2번, 2 L 300 mL들이 그릇으로 3번 가득 채워 부었더니 통의 반만큼 물이 찼습니다. 4 L들이 그릇을 사용하여 이 통에 물을 가득 채우려면 적어도 물을 몇 번 더 부어야 합니까?

2 다음과 같이 크기가 같은 원 36개를 일정한 길이만큼씩 겹쳐서 나란히 그렸습니다. 원의 반지름이 4 cm일 때 ㉠의 길이는 몇 cm입니까?

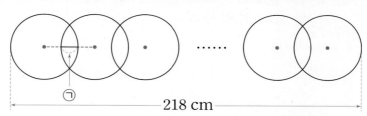

3 ⟨■⟩는 ■를 6으로 나눈 나머지이고 [▲]는 ▲를 7로 나눈 몫일 때 다음 값을 구하시오.

$$⟨75⟩ + [80] - ⟨85⟩ + [90] - ⟨95⟩$$

4 대분수 $5\dfrac{7}{11}$ 을 가분수로 나타낸 다음 이 가분수의 분모와 분자에서 각각 같은 수를 뺐더니 분모와 분자의 합이 57이 되었습니다. 분모와 분자에서 뺀 수를 구하시오.

5 하루 중 시계의 긴바늘과 짧은바늘이 서로 직각을 이루는 것은 모두 몇 번입니까?

6 오늘 서울 버스터미널에서 대전으로 가는 첫 번째 버스가 오전 8시 20분 20초에 출발하고, 26번째 버스가 오후 1시 25분 45초에 출발했습니다. 버스가 일정한 간격으로 출발하였다면 버스는 몇 분 몇 초 간격으로 출발하였습니까?

7 다음과 같은 규칙으로 모양과 수가 놓여 있습니다. 79번째에 놓이는 모양과 수를 각각 구하시오.

$\left(\dfrac{1}{2}\right)$ $\boxed{\dfrac{1}{3}}$ $\left(\dfrac{2}{3}\right)$ $\triangle\dfrac{1}{4}$ $\left(\dfrac{2}{4}\right)$ $\boxed{\dfrac{3}{4}}$ $\left(\dfrac{1}{5}\right)$ $\triangle\dfrac{2}{5}$ $\left(\dfrac{3}{5}\right)$ $\boxed{\dfrac{4}{5}}$ $\left(\dfrac{1}{6}\right)$ ......

8 네 변의 길이의 합이 60 cm인 직사각형을 그리고, 직사각형을 한 변이 1 cm인 정사각형으로 나누려고 합니다. 직사각형을 최대한 여러 개의 정사각형으로 나누려면 직사각형의 가로와 세로는 각각 몇 cm로 그려야 합니까?

9 올해 마을별 배추 수확량을 조사하여 나타낸 그림그래프입니다. 라 마을의 배추 수확량은 가 마을의 배추 수확량의 $\frac{4}{5}$ 이고, 네 마을의 배추 수확량은 모두 124 t입니다. 나 마을에서 수확한 배추 중 4 kg짜리 배추 750포기와 3 kg짜리 배추 900포기를 시장에 내다 팔았습니다. 나 마을에서 팔고 남은 배추는 몇 t 몇 kg입니까?

마을별 배추 수확량

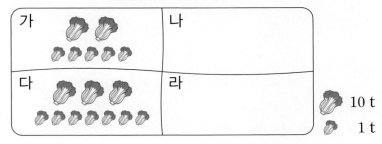

10 3개의 톱니바퀴 가, 나, 다가 각각 일정한 빠르기로 서로 맞물려 돌아가고 있습니다. 가 톱니바퀴가 한 바퀴 돌 때 나 톱니바퀴는 6바퀴 돌고, 나 톱니바퀴가 5바퀴 돌 때 다 톱니바퀴는 10바퀴 돕니다. 가 톱니바퀴가 1분에 8바퀴 돈다면 1시간 15분 동안 다 톱니바퀴는 나 톱니바퀴보다 몇 바퀴 더 많이 돕니까?

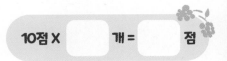
10점 X ☐ 개 = ☐ 점

1 어느 빵집에서 다음과 같은 직사각형 모양의 케이크를 똑같은 조각으로 나누어 판매하고 있습니다. 색칠한 부분은 케이크를 팔고 남은 부분입니다. 남은 부분의 가격이 2700원일 때 케이크 전체의 가격은 얼마입니까? (단, 각 조각의 가격은 같습니다.)

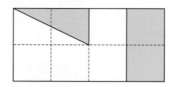

2 양초에 불을 붙이고 30분이 지난 후에 길이를 재어 보았더니 12 cm 5 mm였습니다. 이 양초가 처음 10분 동안은 5분에 8 mm씩 탔고, 남은 20분 동안은 4분에 7 mm씩 탔습니다. 처음 양초의 길이는 몇 cm 몇 mm입니까?

🔽 바른답·알찬풀이 42쪽

3 직사각형 ㄱㄴㄷㄹ을 정사각형 4개와 직사각형 한 개로 나누었습니다. 색칠한 직사각형의 네 변의 길이의 합은 몇 cm입니까?

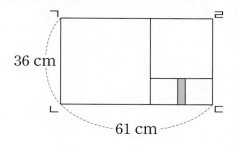

4 어느 농장에서 오리와 염소를 기르고 있습니다. 오리가 염소보다 27마리 더 많고, 오리의 다리 수의 합이 염소의 다리 수의 합보다 4개 더 많습니다. 이 농장에서 기르고 있는 오리와 염소는 각각 몇 마리입니까?

5 다음 도형에서 ㉠과 ㉡은 각각 지름이 같은 원의 $\frac{1}{4}$씩이고 ㉣은 지름이 24 cm인 원의 $\frac{1}{4}$입니다. ㉢은 반지름이 몇 cm인 원의 $\frac{1}{4}$입니까?

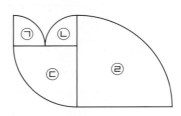

6 슬아네 모둠 학생들이 하루 동안 마신 물의 양을 조사하여 나타낸 표와 그림그래프입니다. 5명이 마신 물의 양의 합이 6 L 500 mL이고 영진이가 세진이보다 물을 500 mL 더 많이 마셨을 때 표와 그림그래프를 완성하시오.

학생별 마신 물의 양

	슬아	영진	우희	세진	재효	합계
물의 양 (mL)	1500		1700		1200	

학생별 마신 물의 양

	물의 양
슬아	
영진	
우희	
세진	
재효	

[ ] mL

[ ] mL

7 선주는 선물을 포장하는 데 전체 리본의 $\dfrac{2}{3}$를 사용하고, 남은 리본의 $\dfrac{4}{9}$로 머리핀을 만들었습니다. 머리핀을 만들고 남은 리본의 $\dfrac{1}{2}$을 동생에게 주었더니 15 cm가 남았다면 선주가 처음에 가지고 있던 리본은 몇 cm입니까?

8 상자 안에 8, 10, 15가 적힌 구슬이 각각 10개씩 들어 있습니다. 구슬을 8개만 꺼내서 꺼낸 구슬에 적힌 수의 합을 구하려고 합니다. 합이 100보다 큰 경우는 모두 몇 가지입니까? (단, 구슬을 꺼내는 순서는 생각하지 않습니다.)

경시 대비 평가 3회

9 무게가 각각 1 g, 5 g, 10 g인 추가 한 개씩 있습니다. 이 추들을 양팔 저울에 올려서 잴 수 있는 무게는 모두 몇 가지입니까? (단, 추 3개를 모두 한꺼번에 사용하지 않아도 되고 추를 저울의 양쪽에 모두 올릴 수 있습니다.)

10 ■가 ▲보다 클 때 □ 안에 알맞은 수를 써넣으시오.

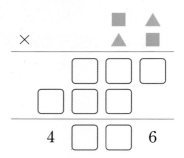

10점 X ⬜ 개 = ⬜ 점

퍼즐 학습으로 재미있게 초등 어휘력을 키우자!

하루 4개씩
25일 완성!

어휘력을 키워야 문해력이 자랍니다.
문해력은 국어는 물론 모든 공부의 기본이 됩니다.

퍼즐런 시리즈로
재미와 학습 효과 두 마리 토끼를 잡으며,
문해력과 함께 공부의 기본을
확실하게 다져 놓으세요.

Fun! Puzzle! Learn!
재미있게!   퍼즐로!   배워요!

미래엔 초등 도서 목록

 초규

교과서 달달 쓰기 · 교과서 달달 풀기
1~2학년 국어 · 수학 교과 학습력을 향상시키고
초등 코어를 탄탄하게 세우는 기본 학습서
[4책] 국어 1~2학년 학기별
[4책] 수학 1~2학년 학기별

미래엔 교과서 길잡이, 초코
초등 공부의 핵심[CORE]를 탄탄하게 해 주는
슬림 & 심플한 교과 필수 학습서
[8책] 국어 3~6학년 학기별, [8책] 수학 3~6학년 학기별
[8책] 사회 3~6학년 학기별, [8책] 과학 3~6학년 학기별

전과목 단원평가
빠르게 단원 핵심을 정리하고, 수준별 문제로 실전력을 키우는
교과 평가 대비 학습서
[8책] 3~6학년 학기별

문제 해결의 길잡이

원리 8가지 문제 해결 전략으로 문장제와 서술형 문제 정복
[12책] 1~6학년 학기별

심화 문장제 유형 정복으로 초등 수학 최고 수준에 도전
[6책] 1~6학년 학년별

 퍼즐런

초등 필수 어휘를 퍼즐로 재미있게 익히는 학습서
[3책] 사자성어, 속담, 맞춤법

하루한장 예비 초등

한글완성
초등학교 입학 전 한글 읽기·쓰기 동시에 끝내기
[3책] 기본 자모음, 받침, 복잡한 자모음

예비초등
기본 학습 능력을 향상하며 초등학교 입학을 준비하기
[4책] 국어, 수학, 통합교과, 학교생활

하루한장 독해

독해 시작편
초등학교 입학 전 기본 문해력 익히기 30일 완성
[2책] 문장으로 시작하기, 짧은 글 독해하기

어휘
문해력의 기초를 다지는 초등 필수 어휘 학습서
[6책] 1~6학년 단계별

독해
국어 교과서와 연계하여 문해력의 기초를 다지는 독해 기본서
[6책] 1~6학년 단계별

독해＋플러스
본격적인 독해 훈련으로 문해력을 향상시키는 독해 실전서
[6책] 1~6학년 단계별

비문학 독해 (사회편·과학편)
비문학 독해로 배경지식을 확장하고 문해력을 완성시키는
독해 심화서
[사회편 6책, 과학편 6책] 1~6학년 단계별

수학 상위권 향상을 위한 문장제 해결력 완성

문제 해결의 길잡이

심화

수학 3학년

바른답·알찬풀이

Mirae N 에듀

식을 만들어 해결하기

익히기   10~17쪽

1   덧셈과 뺄셈

문제분석 이 요금소를 통과한 화물차는 승용차보다 몇 대 더 많습니까?

157, 286 / 384, 419

해결전략 (덧셈식) / (뺄셈식)

풀이 ❶ 286, 443
❷ 419, 803
❸ 803, 443, 360

답 360

2   덧셈과 뺄셈

문제분석 어느 학교 학생이 몇 명 더 많습니까?

546, 381 / 477, 435

해결전략 (덧셈식) / (뺄셈식)

풀이

❶ (연지네 학교 학생 수)
= (남학생 수) + (여학생 수)
= 546 + 381 = 927(명)
❷ (재호네 학교 학생 수)
= (남학생 수) + (여학생 수)
= 477 + 435 = 912(명)
❸ 927 > 912이므로 연지네 학교 학생이
927 − 912 = 15(명) 더 많습니다.

답 연지네 학교, 15명

3   곱셈, 나눗셈

문제분석 한 사람에게 구슬을 몇 개씩 주어야 합니까?

3 / 51 / 4

해결전략 (곱셈식) / (덧셈식) / (나눗셈식)

풀이 ❶ 15, 3, 45
❷ 45, 51, 96

❸ 96, 4, 24

답 24

4   곱셈

문제분석 팔고 남은 사과는 몇 개

32, 27 / 240

해결전략 (곱셈식) / (덧셈식) / (뺄셈식)

풀이

❶ (한 상자에 25개씩 들어 있는 사과 수)
= 25 × 32 = 800(개)
(한 상자에 12개씩 들어 있는 사과 수)
= 12 × 27 = 324(개)
❷ (전체 사과 수) = 800 + 324 = 1124(개)
❸ (팔고 남은 사과 수)
= (전체 사과 수) − (판 사과 수)
= 1124 − 240 = 884(개)

답 884개

5   평면도형

문제분석 정사각형의 한 변의 길이는 몇 cm

28 / 16

해결전략 (마주 보는) / (같습니다)

풀이 ❶ 16, 16, 88
❷ 88
❸ 4, 88, 4, 22

답 22

6   평면도형

문제분석 오른쪽 직사각형의 긴 변의 길이는 몇 cm

14 / 8

해결전략 2 / 2

풀이

❶ (정사각형의 네 변의 길이의 합)
  =(정사각형의 한 변의 길이)×4
  =14×4=56 (cm)
❷ 직사각형의 네 변의 길이의 합은 정사각형의
  네 변의 길이의 합과 같으므로 56 cm입니다.
❸ (직사각형의 긴 변과 짧은 변 길이의 합)
  =(직사각형의 네 변의 길이의 합)÷2
  =56÷2=28 (cm)
  ➡ (직사각형의 긴 변의 길이)
    =(직사각형의 긴 변과 짧은 변 길이의 합)
      −(직사각형의 짧은 변의 길이)
    =28−8=20 (cm)

답 20 cm

7
길이와 시간

문제분석 열차가 부산역에 도착한 시각은 오전 몇 시
몇 분 몇 초
1, 37 / 48, 55

해결전략 60

풀이 ❶ 1, 37 / 9, 52, 4
❷ 9, 52, 4, 48, 55 / 10, 40, 59

답 10, 40, 59

8
길이와 시간

문제분석 휴식 시간이 끝난 시각은 오후 몇 시 몇 분
몇 초
10, 30, 22 / 1, 40, 38 / 1, 24, 40

해결전략 60

풀이
❶ (훈련을 마친 시각)
  =(훈련을 시작한 시각)+(훈련 시간)
  =오전 10시 30분 22초+1시간 40분 38초
  =11시 70분 60초=11시 71분
  =오후 12시 11분
❷ (휴식 시간이 끝난 시각)
  =(훈련을 마친 시각)+(휴식 시간)
  =오후 12시 11분+1시간 24분 40초
  =13시 35분 40초 ➡ 오후 1시 35분 40초

답 오후 1시 35분 40초

적용하기
18~21쪽

1
곱셈, 나눗셈

연필 1타는 12자루이므로 연필 6타는
모두 12×6=72(자루)입니다.
72÷5=14…2이므로 연필을 한 모둠에 14자루
씩 나누어 줄 수 있고, 나누어 주고 남는 연필은
2자루입니다.

답 14자루, 2자루

2
덧셈과 뺄셈

공책 두 권의 값은 1000−40=960(원)이고
480+480=960(원)이므로 공책 한 권의 값은
480원입니다.
➡ (지우개 한 개의 값)
  =(공책 한 권과 지우개 한 개의 값)
    −(공책 한 권의 값)
  =900−480=420(원)

답 420원

3
길이와 시간

(줄넘기 연습 시간)
=(피아노 연습 시간)−1시간 5분 20초
=6시간 40분−1시간 5분 20초
=5시간 34분 40초
(피아노와 줄넘기 연습 시간의 합)
=(피아노 연습 시간)+(줄넘기 연습 시간)
=6시간 40분+5시간 34분 40초
=11시간 74분 40초=12시간 14분 40초

답 12시간 14분 40초

4
평면도형

(작은 정사각형의 한 변의 길이)=36÷4
                              =9 (cm)
(큰 정사각형의 한 변의 길이)=60÷4
                            =15 (cm)
따라서 직각삼각형의 세 변의 길이의 합은
9+12+15=36 (cm)입니다.

답 36 cm

(세아가 1분 동안 걷는 거리)$=91\div7=13$ (m)
(영민이가 1분 동안 걷는 거리)$=84\div6=14$ (m)
(세아가 20분 동안 걷는 거리)
   $=13\times20=260$ (m)
(영민이가 20분 동안 걷는 거리)
   $=14\times20=280$ (m)
260<280이므로 영민이가 $280-260=20$ (m)
더 많이 걷습니다.

답 영민, 20 m

(직사각형의 네 변의 길이의 합)
   $=17+11+17+11=56$ (cm)
(정사각형 한 개의 네 변의 길이의 합)
   $=56\div2=28$ (cm)
(정사각형 한 개의 한 변의 길이)
   $=28\div4=7$ (cm)

답 7 cm

집에서 출발하여 약국과 놀이터를 차례로 지나서 다시 집에 돌아오는 거리는 모두
$720+447+900=2067$ (m)입니다.
1000 m$=1$ km이므로
이동한 거리를 몇 km 몇 m로 나타내면
2067 m$=2$ km 67 m입니다.

답 2 km 67 m

(1 L 500 mL 들이 그릇으로 2번 부은 물의 양)
$=1$ L 500 mL$+1$ L 500 mL$=3$ L
(800 mL 들이 그릇으로 3번 부은 물의 양)
$=800$ mL$+800$ mL$+800$ mL
$=2400$ mL$=2$ L 400 mL
10 L 들이의 물통에 물이 3 L만큼 들어 있으므로 물통에 물을 가득 채우려면 물을
10 L-3 L-3 L-2 L 400 mL
$=1$ L 600 mL만큼 더 부어야 합니다.

답 1 L 600 mL

(전체 붙임 딱지의 수)$\div$(사람 수)
$=97\div8=12\cdots1$이므로 8명에게 12장씩 나누어 주면 1장이 남습니다.
따라서 8명에게 남김없이 똑같이 나누어 주려면 붙임 딱지는 적어도 $8-1=7$(장) 더 필요합니다.

답 7장

강아지의 몸무게를 몇 kg 몇 g으로 나타내면
3700 g$=3$ kg 700 g입니다.
(고양이의 몸무게)$=$(강아지의 몸무게)$+200$ g
                 $=3$ kg 700 g$+200$ g
                 $=3$ kg 900 g
(재훈이의 몸무게)
$=$(재훈, 강아지, 고양이의 몸무게)
   $-$(강아지의 몸무게)$-$(고양이의 몸무게)
$=38$ kg 500 g-3 kg 700 g-3 kg 900 g
$=30$ kg 900 g

답 30 kg 900 g

도전, 창의사고력   22쪽

지구에서 사용하는 시계의 경우
시계의 숫자 눈금이 12칸이고 짧은바늘이 숫자 눈금 한 칸만큼 갈 때 긴바늘이 한 바퀴 돌기 때문에 짧은바늘이 한 바퀴 돌 때 긴바늘은 12바퀴 돕니다. 긴바늘이 한 바퀴 도는 데 걸리는 시간은 60분이므로 짧은바늘이 한 바퀴 도는 데 걸리는 시간은 $60\times12=720$(분)입니다.
외계 행성에서 사용하는 시계의 경우
시계의 숫자 눈금이 9칸이고 짧은바늘이 숫자 눈금 한 칸만큼 갈 때 긴바늘이 한 바퀴 돌기 때문에 짧은바늘이 한 바퀴 돌 때 긴바늘은 9바퀴 돕니다. 긴바늘이 한 바퀴 도는 데 걸리는 시간은
$5\times9=45$(분)이므로 짧은바늘이 한 바퀴 도는 데 걸리는 시간은 $45\times9=405$(분)입니다.
따라서 두 시계의 짧은바늘이 각각 한 바퀴 도는 데 걸리는 시간의 차이는 $720-405=315$(분)입니다.

답 315분

그림을 그려 해결하기

익히기   24~29쪽

1   평면도형

문제분석 나누어 만든 직사각형 한 개의 네 변의 길이의 합은 몇 cm

24

풀이 ❶ 예   / 24 / 24

24 cm

❷ 3 / 3, 8

❸ 24, 8, 24, 8, 64

답 64

2   평면도형

문제분석 만들 수 있는 가장 큰 정사각형의 네 변의 길이의 합은 몇 cm

25 / 14

해결전략 (짧은)

풀이

❶ 예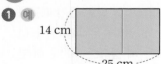

14 cm

25 cm

직사각형의 짧은 변의 길이가 14 cm이므로 직사각형을 잘라 만들 수 있는 가장 큰 정사각형의 한 변의 길이는 14 cm입니다.

❷ (정사각형의 네 변의 길이의 합)

＝(정사각형의 한 변의 길이)×4

＝14×4＝56 (cm)

답 56 cm

3   분수와 소수

문제분석 읽어야 할 부분이 더 많이 남은 사람은 누구

$\frac{2}{3}$, $\frac{3}{4}$

해결전략 (작을수록)

풀이 ❶ 준서    혜나

❷ $\frac{1}{3}$ / $\frac{1}{4}$

❸ $\frac{1}{3}$, >, $\frac{1}{4}$ / 준서

답 준서

4   분수와 소수

문제분석 남은 리본의 길이가 긴 사람부터 차례로 이름을 쓰시오.

$\frac{5}{6}$ / $\frac{4}{5}$ / $\frac{7}{8}$

풀이

❶ 은희

장우

해수

❷ 남은 리본의 양을 각각 분수로 나타내면 은희는 $\frac{1}{6}$, 장우는 $\frac{1}{5}$, 해수는 $\frac{1}{8}$ 입니다.

❸ $\frac{1}{5}$ > $\frac{1}{6}$ > $\frac{1}{8}$ 이므로 남은 리본의 길이가 긴 사람부터 차례로 이름을 쓰면 장우, 은희, 해수입니다.

답 장우, 은희, 해수

5   평면도형

문제분석 원을 몇 개까지 그릴 수 있습니까?

7 / 2

해결전략 (짧은)

풀이 ❶ 2 / 2

❷ 예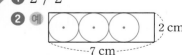

2 cm

7 cm

❸ 2, 3

답 3

주의 2×4＝8 (cm)이므로 지름이 2 cm인 원을 4개까지는 그릴 수 없습니다.

<u>원을 몇 개까지 그릴 수 있습니까?</u>
28 / 5

 풀이

① 직사각형의 짧은 변의 길이가 5 cm이므로 직사각형 안에 그릴 수 있는 가장 큰 원의 지름은 5 cm입니다.

② 예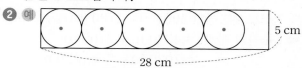

③ 직사각형의 긴 변의 길이가 28 cm이므로 지름이 5 cm인 원을 겹치지 않게 5개까지 그릴 수 있습니다.

답 5개

주의 5×6＝30 (cm)이므로 지름이 5 cm인 원을 6개까지는 그릴 수 없습니다.

적용하기
30~33쪽

1 원

원의 중심을 찾아 모두 표시합니다.

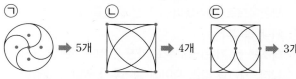

➡ 원의 중심이 많은 것부터 차례로 기호를 쓰면 ㉠, ㉡, ㉢입니다.

답 ㉠, ㉡, ㉢

2 평면도형

 5개의 점 중에서 2개의 점을 골라 선으로 이어 보면 왼쪽과 같습니다.
따라서 그을 수 있는 선분은 모두 10개입니다.

답 10개

3 분수와 소수

 주어진 도형을 똑같이 10으로 나누면 왼쪽과 같습니다.

색칠한 부분은 전체를 똑같이 10으로 나눈 것 중의 7이므로 분수로 나타내면 $\frac{7}{10}$이고, 소수로 나타내면 0.7입니다.

답 $\frac{7}{10}$, 0.7

4 나눗셈

(주현이가 1분 동안 간 거리)
＝950÷5＝190 (m)
(승효가 1분 동안 간 거리)＝740÷4＝185 (m)

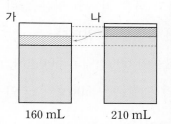

➡ (1분 후 두 사람 사이의 거리)
＝(주현이가 1분 동안 간 거리)
＋(승효가 1분 동안 간 거리)
＝190＋185＝375 (m)

답 375 m

5 무게와 들이

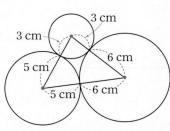 두 소금물의 양이 같아지려면 두 소금물 양의 차의 반만큼을 나 비커에서 가 비커로 옮겨야 합니다.

160 mL   210 mL

➡ (두 비커에 들어 있는 소금물 양의 차)
＝210－160＝50 (mL)
50÷2＝25 (mL)이므로 나 비커에서 가 비커로 옮긴 소금물은 25 mL입니다.

답 25 mL

6 원

3 cm
3 cm
6 cm
5 cm
5 cm
6 cm

그린 삼각형의 각 변의 길이는 맞닿아 있는 두 원의 반지름의 합과 같습니다.

따라서 그린 삼각형의 세 변의 길이의 합은
3＋3＋5＋5＋6＋6＝28 (cm)입니다.

답 28 cm

기차가 공사 구간을 완전히 통과하기 위해 가야 하는 거리는

(공사 구간의 길이)＋(기차의 길이)

＝1000＋250＝1250 (m)입니다.

2분 동안 500 m를 가고 250＋250＝500이므로 공사 구간을 지날 때 기차는 1분에 250 m씩 갑니다.

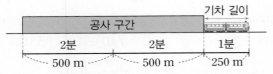

따라서 공사 구간을 완전히 통과하는 데 걸리는 시간은 2＋2＋1＝5(분)입니다.

답 5분

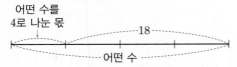

슬비와 동생이 사용하고 남은 찰흙의 양은 슬비가 처음에 가지고 있던 찰흙의 $\frac{2}{5}$입니다.

처음에 가지고 있던 찰흙이 500 g이고 500 g의 $\frac{1}{5}$은 100 g입니다. 남은 찰흙은 500 g의 $\frac{2}{5}$이므로 100×2＝200 (g)입니다.

답 200 g

어떤 수를 4로 나눈 몫은 어떤 수에서 18을 뺀 수와 같으므로 어떤 수는 어떤 수를 4로 나눈 몫과 18의 합과 같습니다.

어떤 수를 4로 나눈 몫은 18을 3으로 나눈 몫과 같고 18÷3＝6이므로 어떤 수는 6×4＝24입니다.

따라서 어떤 수의 20배는 24×20＝480입니다.

답 480

원 모양 공원의 둘레는 9분 동안 재호가 간 거리와 아인이가 간 거리의 합과 같습니다.

• 재호가 간 거리:

1분에 8×60＝480 (m)를 가므로 9분 동안 480×9＝4320 (m)를 갑니다.

• 아인이가 간 거리: 1분에 5×60＝300 (m)를 가므로 9분 동안 300×9＝2700 (m)를 갑니다.

➡ (공원의 둘레)＝4320 m＋2700 m

＝7020 m＝7 km 20 m

답 7 km 20 m

도전, 창의사고력 34쪽

출발점에 가까운 곳을 왼쪽, 도착점에 가까운 곳을 오른쪽으로 생각하여 수직선에 동물의 위치를 나타내 봅니다.

타조를 한 가운데에 두고 가장 왼쪽에 기린을 그립니다. 기린과 타조 사이에 캥거루가 있다고 생각하면 토끼가 캥거루보다 800 m 뒤에 있게 되는데 이는 타조가 가운데에 있다는 조건에 알맞지 않으므로 캥거루는 타조보다 앞서고 있습니다.

캥거루가 가장 앞서고 있는 동물이라고 생각하면 타조와 캥거루 사이의 거리가 1 km 180 m가 되어야 하는데 캥거루와 기린 사이의 거리가 1 km 20 m라는 조건에 알맞지 않으므로 말이 가장 앞서고 있습니다.

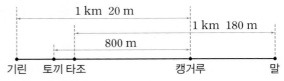

따라서 가장 앞서고 있는 동물부터 차례로 쓰면 말, 캥거루, 타조, 토끼, 기린입니다.

답 말, 캥거루, 타조, 토끼, 기린

표 를 만들어 해결하기

익히기 36~39쪽

1 그림그래프

문제분석 남학생 수가 여학생 수보다 더 많은 TV 프로그램

⊙남학생, ⊙여학생

풀이 ❶

좋아하는 TV 프로그램별 학생 수

TV 프로그램	음악	오락	드라마	교양
남학생 수(명)	5	9	7	3
여학생 수(명)	7	8	6	5

❷ 오락, 드라마

답 오락, 드라마

2 그림그래프

문제분석 타고 싶은 놀이기구별 남학생 수와 여학생 수의 차가 가장 큰 놀이기구

⊙남학생, ⊙여학생

풀이

❶

타고 싶은 놀이기구별 학생 수

놀이기구	바이킹	회전목마	범퍼카	회전컵	청룡열차
남학생 수(명)	5	3	7	8	5
여학생 수(명)	6	3	9	5	4

❷ 타고 싶은 놀이기구별 남학생 수와 여학생 수의 차를 각각 구해 봅니다.
바이킹: $6-5=1$(명)
회전목마: $3-3=0$(명)
범퍼카: $9-7=2$(명)
회전컵: $8-5=3$(명)
청룡열차: $5-4=1$(명)
따라서 타고 싶은 놀이기구별 남학생과 여학생 수의 차가 가장 큰 놀이기구는 회전컵입니다.

답 회전컵

3 그림그래프

문제분석 홍차는 몇 잔 팔았습니까?

147

해결전략

풀이 ❶

종류별 판매한 차

차	녹차	홍차	유자차	매실차	합계
잔 수(잔)	43		17	35	147

❷ 43, 17, 35, 52

답 52

4 그림그래프

문제분석 하늘 과수원에서 수확한 사과는 몇 상자

960

해결전략

풀이

❶

과수원별 수확한 사과 수

과수원	싱싱	초록	하늘	향기	합계
사과 수(상자)	250	130		310	960

❷ 네 과수원에서 수확한 사과가 모두 960상자이므로 하늘 과수원에서 수확한 사과는
$960-250-130-310=270$(상자)입니다.

답 270상자

적용하기 40~43쪽

1 곱셈

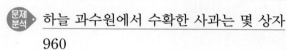

	올해	1년 후	2년 후	3년 후	4년 후	5년 후	6년 후
윤서 나이(살)	10	11	12	13	14	15	16
어머니 나이(살)	42	43	44	45	46	47	48
(윤서 나이)×3	30	33	36	39	42	45	48

➡ 어머니 나이가 윤서 나이의 3배가 되는 때는 6년 후입니다.

답 6년 후

2

(민아가 1분 동안 퍼내는 물의 양)
$=12\div3=4$ (L)
(준호가 1분 동안 퍼내는 물의 양)
$=8\div4=2$ (L)
시간에 따라 물통에 남은 물의 양을 표로 나타내 봅니다.

시간 (분 후)		0	1	2	3	4	5	6
남은 물 (L)	민아	90	86	82	78	74	70	66
	준호	80	78	76	74	72	70	68

물을 퍼내기 시작한 지 5분 후에 남은 물의 양이 70 L로 같아집니다.

답 5분 후

3

두 버스의 출발 시각을 표로 나타내 출발 시각이 같은 경우를 찾아봅니다.

출발 순서 (번째)		1	2	3	4	5
출발 시각	부산행 버스	오전 9시 30분	오전 10시 20분	오전 11시 10분	낮 12시	오후 12시 50분
	여수행 버스	오전 9시 10분	오전 9시 40분	오전 10시 10분	오전 10시 40분	오전 11시 10분

➡ 두 버스가 처음으로 동시에 출발하는 시각은 오전 11시 10분입니다.

답 오전 11시 10분

4

혈액형별 학생 수를 표로 나타내 봅니다.

혈액형	A형	B형	O형	AB형	합계
학생 수 (명)	214	157	□+23	□	674

(전체 학생 수)$=214+157+□+23+□$
$\qquad\qquad\qquad=674$(명),
$394+□+□=674$, $□+□=280$이고
$140+140=280$이므로 $□=140$(명)입니다.

따라서 AB형인 학생은 140명입니다.

답 140명

5

추의 수에 따라 각 접시에 올린 추의 무게의 합을 표로 나타내 봅니다.

추의 수 (개)	1	2	3	4	5	6
150 g짜리 추의 무게의 합 (g)	150	300	450	600	750	900
200 g짜리 추의 무게의 합 (g)	200	400	600	800	1000	~~1200~~

➡ 두 접시에 올린 추의 무게가 같은 경우는 600 g일 때로 올려놓은 150 g짜리 추는 4개, 200 g짜리 추는 3개입니다.

답 150 g짜리: 4개, 200 g짜리: 3개

6

종류별 책의 수

종류	동화책	학습만화	과학책	위인전	합계
수 (권)	32	14	23	21	90

동화책이 32권, 위인전이 21권이므로 그림그래프에서 📖은 10권, 📖은 1권을 나타냅니다.

• 학습 만화: 📖 1개, 📖 4개 ➡ 14권
• 과학책: 📖 2개, 📖 3개 ➡ 23권
➡ (학급문고에 있는 전체 책의 수)
$\quad=32+14+23+21=90$(권)

답 90권

7

정확한 시각과 빨라지는 손목시계가 가리키는 시각을 표로 나타내 봅니다.

정확한 시각	3시	4시	5시	6시	7시	8시
손목시계가 가리키는 시각	3시	4시 5분	5시 10분	6시 15분	7시 20분	8시 25분

➡ 오늘 오후 8시에 이 시계는 오후 8시 25분을 가리킵니다.

오후 8시 25분

주의 빨라지는 시계는 정확한 시각보다 이후의 시각을 가리킵니다.

다른전략 단순화하여 해결하기

오후 3시부터 오후 8시까지는 5시간입니다. 한 시간 동안 5분씩 빨라지는 시계는 5시간 동안 $5 \times 5 = 25$(분) 빨라집니다. 따라서 오후 8시에 이 시계는 8시 25분을 가리킵니다.

8   그림그래프

왼쪽 그림그래프에서 는 100 L, ⬧는 50 L,

•는 10 L를 나타내므로 마을별 물 사용량을 표로 나타내면 다음과 같습니다.

마을	가	나	다
물 사용량 (L)	140 L	250 L	160 L

오른쪽 그림그래프에서 ⬧는 100 L, ⬧는 10 L 를 나타내므로 가 마을과 나 마을의 물 사용량을 그림그래프로 나타내면 다음과 같습니다.

가 마을: ⬧ 1개, ⬧ 4개

나 마을: ⬧ 2개, ⬧ 5개

답 가 마을: ⬧ ⬧ ⬧ ⬧ ⬧

     나 마을: ⬧ ⬧ ⬧ ⬧ ⬧ ⬧ ⬧

도전, 창의사고력

어웨이 \ 홈	선율초	햇살초	용기초
선율초		패 / 승	패 / 승
햇살초	승 / 패		패 / 승
용기초	패 / 승	승 / 패	

따라서 선율초등학교는 3승 1패, 햇살초등학교는 2승 2패, 용기초등학교는 1승 3패입니다.

답 3, 1 / 2, 2 / 1, 3

참고

어웨이 \ 홈	햇살초
선율초	패 / 승

선율초등학교가 어웨이, 햇살초등학교가 홈 경기일 때 선율초등학교가 승, 햇살초등학교가 패한 경기 결과를 나타냅니다.

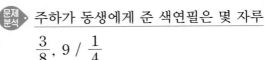

거꾸로 풀어 해결하기

전략 세움

익히기　　　　　　　　46~51쪽

1
나눗셈

문제
분석 **은빈이가 산 꽃씨는 몇 봉투**
7 / 9, 4, 6

풀이 ❶ 9, 4, 6 / 4, 6, 42
❷ 7, 42 / 42, 7, 6

답 6

2
나눗셈

문제
분석 **찬휘가 어제 산 구슬은 몇 개**
38 / 9, 8, 5

풀이
❶ (전체 구슬 수)÷9=8…5
➡ (전체 구슬 수)=9×8+5=77(개)
❷ (어제 산 구슬 수)+(오늘 산 구슬 수)
=(전체 구슬 수)이므로
(어제 산 구슬 수)+38=77(개)
➡ (어제 산 구슬 수)=77-38=39(개)
입니다.

답 39개

3
분수

문제
분석 **현우가 먹은 과자는 몇 개**
$\frac{2}{7}$, 12 / $\frac{1}{3}$

풀이 ❶ 2, 6
❷ 6 / 6, 42
❸ 42 / 42, 14

답 14

참고 (전체의 $\frac{2}{7}$)÷2=(전체의 $\frac{1}{7}$)

4
분수

문제
분석 **주하가 동생에게 준 색연필은 몇 자루**
$\frac{3}{8}$, 9 / $\frac{1}{4}$

풀이

❶ 선물 받은 색연필의 $\frac{3}{8}$이 9자루이므로 선물 받은 색연필의 $\frac{1}{8}$은 9÷3=3(자루)입니다.

❷ 선물 받은 색연필의 $\frac{1}{8}$이 3자루이므로 선물 받은 색연필은 모두 3×8=24(자루)입니다.

❸ 동생에게 선물 받은 색연필의 $\frac{1}{4}$을 주었으므로 동생에게 준 색연필은 24÷4=6(자루)입니다.

답 6자루

참고 (전체의 $\frac{3}{8}$)÷3=(전체의 $\frac{1}{8}$)

5
길이와 시간

문제
분석 **1교시 수업을 시작한 시각은 몇 시 몇 분**
40, 10 / 11, 45

풀이 ❶ 11, 45, 40, 11, 5
❷ 11, 5, 10, 40, 10, 15
❸ 10, 15, 10, 40, 9, 25

답 9, 25

6
길이와 시간

문제
분석 **첫 번째 기차가 출발한 시각은 몇 시 몇 분 몇 초**
30 / 5, 30 / 8, 27

❶ 앞 기차가 출발하고
30분+5분 30초=35분 30초 후에 다음
기차가 출발합니다.
(세 번째 기차 출발 시각)
=(네 번째 기차 출발 시각)−35분 30초
=8시 27분−35분 30초=7시 51분 30초

❷ (두 번째 기차 출발 시각)
=(세 번째 기차 출발 시각)−35분 30초
=7시 51분 30초−35분 30초=7시 16분

❸ (첫 번째 기차 출발 시각)
=(두 번째 기차 출발 시각)−35분 30초
=7시 16분−35분 30초=6시 40분 30초

답 6시 40분 30초

적용하기 52~55쪽

1 덧셈과 뺄셈

오늘 모자를 143개 더 만들어서 181개가 되었으므로 오늘 모자를 더 만들기 직전에 공장에 있던 모자는 181−143=38(개)입니다.
어제 만든 모자 중 125개를 팔았더니 38개가 남았으므로 어제 만든 모자는 125+38=163(개)입니다.

답 163개

2 길이와 시간

(사용한 색 테이프의 길이)
=20 cm 5 mm+8 cm 3 mm
=28 cm 8 mm
(처음에 가지고 있던 색 테이프의 길이)
=28 cm 8 mm+30 cm 8 mm
=58 cm+16 mm=59 cm 6 mm
➡ 59 cm 6 mm=59 cm+0.6 cm
=59.6 cm

답 59.6 cm

3 곱셈, 나눗셈

• 63÷●=9, ●×9=63이고 7×9=63이므로
●=7입니다.
• ●×■=91, 7×■=91이므로
■=91÷7=13입니다.
• ■×8=13×8=104이므로 ▲=104입니다.

답 104

4 나눗셈

(사용하고 남은 색종이 수)÷9=23(장)이므로
(사용하고 남은 색종이 수)=23×9=207(장)입니다.
가지고 있던 색종이 중 12장을 사용했더니
207장이 남았으므로 가지고 있던 색종이는 모두
207+12=219(장)입니다.

답 219장

5 곱셈, 덧셈과 뺄셈

(산 지우개 가격의 합)
=(지우개 한 개의 가격)×(산 지우개 수)
=350×2=700(원)
(산 연필 가격의 합)
=(연필 한 자루의 가격)×(산 연필 수)
=850×4=3400(원)
(산 지우개와 연필 가격의 합)=700+3400
=4100(원)
지우개와 연필 가격의 합은 4100원이고 1900원을 거슬러 받았으므로
승호가 낸 돈은 4100+1900=6000(원)입니다.

답 6000원

6 덧셈과 뺄셈

윤서가 넣은 돈을 □원이라 하면 □의 2배에
50을 더한 값이 350이 되어야 합니다.
□의 2배는 350−50=300이고
150+150=300이므로 □=150(원)입니다.

답 150원

7

공을 떨어뜨린 높이를 ■ cm라고 하면

■의 $\frac{3}{4}$이 90 cm이므로

■의 $\frac{1}{4}$은 90÷3＝30 (cm)입니다.

■의 $\frac{1}{4}$이 30 cm이므로

■＝30×4＝120 (cm)입니다.

답 120 cm

8

책을 다 읽은 시각이 5시 31분 5초이고 집에 도착하자마자 책을 읽는 데 4분 20초가 걸렸으므로 집에 도착한 시각은

5시 31분 5초－4분 20초＝5시 26분 45초
입니다. 집에 도착한 시각이 5시 26분 45초이고 도서관에서 집에 오는 데 15분 25초가 걸리므로 도서관에서 출발한 시각은

5시 26분 45초－15분 25초＝5시 11분 20초
입니다.

답 5시 11분 20초

9

어떤 수를 □라 하여 주어진 조건을 나눗셈식으로 나타내면 □÷8＝12…2이므로

□＝8×12＋2＝98입니다. 어떤 수 98을 2부터 9까지의 수로 각각 나누어 봅니다.

98÷2＝49, 98÷3＝32…2,
98÷4＝24…2, 98÷5＝19…3,
98÷6＝16…2, 98÷7＝14,
98÷8＝12…2, 98÷9＝10…8
따라서 2부터 9까지의 수 중에서 98을 나누어떨어지게 하는 수는 2, 7입니다.

답 2, 7

10

배추김치를 담그는 데 사용하고 남은 소금의 $\frac{2}{5}$는

무김치를 담그는 데 사용하였으므로

소금 1 kg 500 g만큼은 배추김치를 담그고

남은 소금의 $\frac{3}{5}$입니다.

500 g＋500 g＋500 g＝1 kg 500 g이므로 배추김치를 담그는 데 사용하고 남은 소금의 $\frac{1}{5}$은 500 g입니다.

즉 배추김치를 담그고 남은 소금은
500×5＝2500 (g) ➡ 2 kg 500 g입니다.
따라서 처음에 있던 소금은
1 kg 700 g＋2 kg 500 g＝3 kg＋1200 g
＝4 kg 200 g입니다.

답 4 kg 200 g

도전, 창의사고력

56쪽

넷째 날 이동한 거리는 180 km이고 이 거리는 셋째 날까지 이동하고 남은 거리의 $\frac{1}{2}$과 같으므로 셋째 날까지 이동하고 남은 거리는

180＋180＝360 (km)입니다.

360 km는 둘째 날까지 이동하고 남은 거리의 $\frac{3}{4}$과 같습니다. 360＝120＋120＋120이므로 둘째 날까지 이동하고 남은 거리의 $\frac{1}{4}$은 120 km입니다. 즉 둘째 날까지 이동하고 남은 거리는

120＋360＝480 (km)입니다.

480 km는 첫째 날 이동하고 남은 거리의 $\frac{4}{5}$와 같습니다. 480＝120＋120＋120＋120이므로 첫째 날 이동하고 남은 거리의 $\frac{1}{5}$은 120 km입니다. 즉 첫째 날 이동하고 남은 거리는

120＋480＝600 (km)입니다.

600 km는 전체 거리의 $\frac{2}{3}$와 같고
600＝300＋300이므로 전체 거리의 $\frac{1}{3}$은 300 km입니다.

따라서 첫째 날 이동한 거리는 300 km이므로 전체 거리는 300＋600＝900 (km)입니다.

답 900 km

규칙 을 찾아 해결하기

익히기
58~61쪽

1
원

문제분석 8번째에 그려야 하는 원의 지름은 몇 cm
2, 4 / 6

풀이 ❶

순서 (번째)	1	2	3	4	5	6	7	8
반지름 (cm)	2	4	6	8	10	12	14	16

+2 +2 +2 +2 +2 +2 +2

/ 2 / 16
❷ 16, 32

답 32

2
원

문제분석 7번째에 그려야 하는 원의 지름은 몇 cm
5 / 5, 10 / 10, 20

풀이

❶

순서 (번째)	1	2	3	4	5	6	7
반지름 (cm)	5	10	20	40	80	160	320

×2 ×2 ×2 ×2 ×2 ×2

➡ 순서가 한 번씩 늘어날 때마다 원의 반지름이 2배로 늘어나므로 7번째에 그려야 하는 원의 반지름은 320 cm입니다.

❷ 원의 지름은 반지름의 2배이므로 7번째에 그려야 하는 원의 지름은 $320 \times 2 = 640$ (cm)입니다.

답 640 cm

3

문제분석 10번째 모양을 만드는 데 필요한 성냥개비는 몇 개
10

풀이 ❶

정사각형 수 (개)	1	2	3	4	5	……
성냥개비 수 (개)	4	7	10	13	16	……

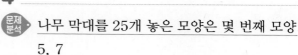

+3 +3 +3 +3

/ 3
❷ 3 / 3, 27 / 27, 31

답 31

4

문제분석 나무 막대를 25개 놓은 모양은 몇 번째 모양
5, 7

풀이

❶

정삼각형 수 (개)	1	2	3	4	5	……
나무 막대 수 (개)	3	5	7	9	11	……

+2 +2 +2 +2

➡ 정삼각형 수가 한 개씩 늘어날 때마다 나무 막대 수는 2개씩 늘어납니다.

❷ 25개에서 첫 번째 모양을 만드는 데 사용한 나무 막대 3개를 빼면 $25 - 3 = 22$(개)입니다. 나무 막대가 2개씩 늘어나고 $22 \div 2 = 11$이 므로 2개씩 11번 늘어난 것입니다.
따라서 나무 막대를 25개 놓은 모양은 $1 + 11 = 12$(번째) 모양입니다.

답 12번째

1

세 수 3, 5, 8이 반복되는 규칙입니다.

$15 \div 3 = 5$이므로 15번째 수는 세 번째 수와 같은 8입니다.

$25 \div 3 = 8 \cdots 1$이므로 25번째 수는 첫 번째 수와 같은 3입니다.

따라서 두 수의 합은 $8 + 3 = 11$입니다.

답 11

2

이 반복되는 규칙입니다.

$61 \div 4 = 15 \cdots 1$이므로 61번째 주사위는 첫 번째 주사위와 같은 입니다.

따라서 61번째에 놓이는 주사위의 눈의 수는 2입니다.

답 2

3

버스는 6시 50분−6시 30분＝20분마다 출발하므로 9번째로 출발하는 버스는 첫 번째 버스가 출발한 후 $20 \times 8 = 160$(분) 후에 출발하게 됩니다.

➡ 160분＝60분＋60분＋40분＝2시간 40분
　　(9번째 버스의 출발 시각)
　　＝오전 6시 30분＋2시간 40분
　　＝오전 9시 10분

➡ (기다려야 하는 시간)
　　＝(9번째 버스의 출발 시각)−(현재 시각)
　　＝오전 9시 10분−오전 8시 55분＝15분

답 15분

4

노란색 연결큐브 2개와 보라색 연결큐브 3개가 반복되는 규칙입니다.

연결큐브를 50개 늘어놓으면 연결큐브 5개가 $50 \div 5 = 10$(번) 반복되어 놓입니다.

연결큐브 5개 중에서 노란색 연결큐브는 2개이므로 연결큐브를 50개 늘어놓았을 때 노란색 연결큐브는 모두 $2 \times 10 = 20$(개)입니다.

답 20개

5

• 홀수 번째에 놓이는 분수의 규칙: 분모가 5이고, 분자가 1부터 1씩 커집니다. 진분수 또는 가분수로 나타냅니다.

• 짝수 번째에 놓이는 분수의 규칙: 분모가 3이고, 분자가 1부터 1씩 커집니다. 진분수 또는 대분수로 나타냅니다.

38번째는 짝수 번째이므로 분모가 3인 분수 중에서 $38 \div 2 = 19$(번째) 분수입니다.

분모가 3인 분수 중에서 19번째 분수는 $\frac{19}{3}$이고 대분수로 나타내야 하므로 $\frac{19}{3} = 6\frac{1}{3}$입니다.

답 $6\frac{1}{3}$

6

초록색 등은 20초 동안 켜지고 빨간색 등은 2분 동안 켜지므로 초록색 등과 빨간색 등은 각각 2분 20초 동안 한 번씩 켜집니다.

오후 3시 5분에 초록색 등이 켜졌을 때 오후 3시 5분부터 오후 3시 15분 사이에 빨간색 등이 켜지는 시각을 알아봅니다.

➡ 오후 3시 5분 20초, 오후 3시 7분 40초,
　　오후 3시 10분, 오후 3시 12분 20초,
　　오후 3시 14분 40초, 오후 3시 17분, ……

따라서 오후 3시 5분부터 오후 3시 15분 사이에 빨간색 등은 모두 5번 켜집니다.

답 5번

7

3을 한 번, 두 번, 세 번, 네 번, ……곱할 때 곱의 일의 자리 숫자는 4개의 숫자 3, 9, 7, 1이 반복되는 규칙입니다.

35÷4=8···3이므로 3을 35번 곱할 때 곱의 일의 자리 숫자는 3을 3번 곱했을 때 곱의 일의 자리 숫자와 같은 7입니다.

답 ▶ 7

8

순서		첫 번째	두 번째	세 번째
흰색 바둑돌 수	수	1	3	6
	식	1	1+2	1+2+3
검은색 바둑돌 수	수	9	12	15
	식	3×3	4×3	5×3

➡ 1+2+3+4+5+6+7+8+9=45이므로 흰색 바둑돌이 45개 놓이는 모양은 9번째 모양입니다.

따라서 9번째 모양에는 검은색 바둑돌이 (9+2)×3=11×3=33(개) 놓입니다.

답 ▶ 33개

9

(원이 4개일 때 사각형의 네 변의 길이의 합)
=(원의 반지름)×8=3×8=24 (cm)
➡ 4×6=(원의 개수)×6
(원이 6개일 때 사각형의 네 변의 길이의 합)
=(원의 반지름)×12=3×12=36 (cm)
➡ 6×6=(원의 개수)×6
(원이 8개일 때 사각형의 네 변의 길이의 합)
=(원의 반지름)×16=3×16=48 (cm)
➡ 8×6=(원의 개수)×6
144=(원의 개수)×6에서 144=24×6이므로 사각형의 네 변의 길이의 합이 144 cm인 도형에서 원은 24개입니다.

답 ▶ 24개

10

연속하는 수들이 3개, 5개, 7개, ……로 홀수개씩 더해질 때 덧셈식을
(가운데 있는 수)×(더한 수의 개수)로 나타내는 규칙입니다.

17+18+19+20+21+22+23+24+25에서 가운데 있는 수는 21이고, 더한 수의 개수는 9개이므로
17+18+19+20+21+22+23+24+25
=21×9입니다.

답 ▶ 21×9

도전, 창의사고력

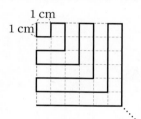

왼쪽 위의 첫째 칸부터 시작하여 방향이 바뀔 때마다 가야 하는 길이를 써 보면 다음과 같습니다.

1, 1, 1, 1, 2, 2, 1, 3, 3, 1, 4, 4, 1, 5, 5, ……,
1, 10, 10
쓴 길이를 3개씩 묶어서 합을 구해 봅니다.

$\underline{1, 1, 1}_{3}$ / $\underline{1, 2, 2}_{5}$ / $\underline{1, 3, 3}_{7}$ / $\underline{1, 4, 4}_{9}$ / $\underline{1, 5, 5}_{11}$ /
…… / $\underline{1, 10, 10}_{21}$

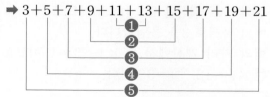

=24×5=120 (m)
따라서 토끼가 출발점에서 도착점까지 가야 하는 거리는 모두 120 m입니다.

답 ▶ 120 m

예상과 확인으로 해결하기

1
곱셈

문제분석 ㉠+㉡−㉢의 값
3, 8

해결전략 8 / 8 / 18, 8, 48

풀이
❶ 18 / 3, 288
❷ 8, 48 / 8, 368 / 4, 8, 6
❸ 4, 8, 6, 6

답 6

2
곱셈

문제분석 ㉠과 ㉡에 알맞은 수
1584

해결전략 4 / 4 / 4, 6, 24

풀이
❶ [예상1] ㉡=1이면 91×4=364에서 곱의 십의 자리 숫자가 6이므로 조건을 만족하지 않습니다.
[예상2] ㉡=6이면 96×4=384에서 곱의 십의 자리 숫자가 8이므로 조건을 만족합니다.
따라서 ㉡=6입니다.
❷ 십의 자리 계산은 9×4=36이므로 백의 자리로 3을 올림합니다.
백의 자리 계산에서 ㉠×4+3=15이므로 ㉠×4=12, ㉠=3입니다.

답 ㉠=3, ㉡=6

3
나눗셈

문제분석 다음 나눗셈식을 완성해 보시오.
5

해결전략 작아야 / 3, 4

풀이
❶ 15, 15 / 19
❷ 35, 35 / 38 / 39

답 3, 9, 7, 4

4
나눗셈

문제분석 다음 나눗셈식을 완성해 보시오.
6

해결전략 8, / 2, 4, 5

풀이
❶ ㉠÷6=2…㉡이면 6×2=12이므로
㉠=12+㉡입니다.
㉡=4라면 ㉠=16 (×),
㉡=5라면 ㉠=17입니다. (×)
❷ ㉠÷6=4…㉡이면 6×4=24이므로
㉠=24+㉡입니다.
㉡=2라면 ㉠=26 (×),
㉡=5라면 ㉠=29입니다. (×)
❸ ㉠÷6=5…㉡이면 6×5=30이므로
㉠=30+㉡입니다.
㉡=2라면 ㉠=32 (×),
㉡=4라면 ㉠=34입니다. (×)
❸ ㉠÷6=8…㉡이면 6×8=48이므로
㉠=48+㉡입니다.
㉡=2라면 ㉠=50 (×),
㉡=4라면 ㉠=52 (○),
㉡=5라면 ㉠=53입니다. (×)
따라서 만들 수 있는 나눗셈식은
52÷6=8…4입니다.

답 52÷6=8…4

5
곱셈

문제분석 목장에서 기르는 소는 몇 마리
70, 208

해결전략 70 / 208

풀이 ❶ 70, 35 / 140 / 35, 70 / 140, 70, 210
❷ 34, 36 / 34, 136 / 36, 72 / 136, 72, 208 / 34

답 34

6
곱셈

문제분석 종이봉투는 몇 개
24 / 5, 3 / 100

해결전략 24 / 100

풀이

❶ 종이봉투를 12개, 비닐봉투를
24−12=12(개)로 예상하면
종이봉투에 넣은 풍선은 5×12=60(개),
비닐봉투에 넣은 풍선은 3×12=36(개)
입니다.
➡ (풍선의 수의 합)=60+36=96(개) (×)

❷ 종이봉투를 13개, 비닐봉투를
24−13=11(개)로 예상하면
종이봉투에 넣은 풍선은 5×13=65(개),
비닐봉투에 넣은 풍선은 3×11=33(개)
입니다.
➡ (풍선의 수의 합)=65+33=98(개) (×)

❸ 종이봉투를 14개, 비닐봉투를
24−14=10(개)로 예상하면
종이봉투에 넣은 풍선은 5×14=70(개),
비닐봉투에 넣은 풍선은 3×10=30(개)
입니다.
➡ (풍선의 수의 합)=70+30=100(개) (○)
따라서 종이봉투는 14개입니다.

답 14개

참고 종이봉투를 12개, 비닐봉투를 12개로 예상
했을 때 풍선 수의 합이 96개로 100개보다 적으
므로 풍선을 더 많이 넣는 종이봉투의 수를 늘려
서 다시 예상해 봅니다.

적용하기

74~77쪽

1
곱셈

$$\begin{array}{r} ㉠\ 4 \\ \times\ 2\ ㉡ \\ \hline 3\ 0\ ㉢ \\ ㉣\ 8 \\ \hline ㉤\ 8\ 6 \end{array}$$

곱의 일의 자리 수가 6이므로
㉢=6입니다.
㉠4×㉡=306이므로 ㉡=4 또는
㉡=9라고 예상할 수 있습니다.

[예상1] ㉡=4일 때 4×4=16이므로
㉠×4+1=30에서
㉠×4=29인 ㉠은 없습니다.

[예상2] ㉡=9일 때 4×9=36이므로
㉠×9+3=30에서
㉠×9=27, ㉠=3입니다.
34×2=68이므로 ㉣=6, ㉤=9입니다.

답
$$\begin{array}{r} 3\ 4 \\ \times\ 2\ 9 \\ \hline 3\ 0\ 6 \\ 6\ 8 \\ \hline 9\ 8\ 6 \end{array}$$

2
덧셈과 뺄셈

[예상1] 10원짜리 동전이 11개, 100원짜리 동전
이 20−11=9(개)일 때 동전 금액의 합은
110+900=1010(원)입니다. (×)

[예상2] 10원짜리 동전이 12개, 100원짜리 동전
이 20−12=8(개)일 때 동전 금액의 합은
120+800=920(원)입니다. (×)

[예상3] 10원짜리 동전이 13개, 100원짜리 동전
이 20−13=7(개)일 때 동전 금액의 합은
130+700=830(원)입니다. (○)
따라서 동전 금액의 합이 830원일 때 10원짜리
동전은 13개, 100원짜리 동전은 7개입니다.

답 7개

3
덧셈과 뺄셈

주어진 세 자리 수를 각각 어림하여 몇백으로 나
타내 보면
474 ➡ 500, 315 ➡ 300, 380 ➡ 400,
602 ➡ 600입니다.

어림하여 합이 900에 가까운 두 수를 예상해 보면
500＋300＝800, 500＋400＝900,
300＋600＝900, 400＋600＝1000이므로
(474, 315), (474, 380), (315, 602),
(380, 602)입니다.

[예상 1] 474＋315＝789
[예상 2] 474＋380＝854
[예상 3] 315＋602＝917
[예상 4] 380＋602＝982

따라서 합이 900에 가장 가까운 두 수의 합은
917입니다.

답 917

4

분모와 분자의 합이 23이 되는 경우를 예상하고
분모와 분자의 차를 확인해 봅니다.

분모	12	13	14	15	…	22
분자	11	10	9	8	…	1
분모와 분자의 차	1	3	5	7	…	21

분모와 분자의 차가 7이 되는 경우는 분모가 15
이고 분자가 8일 때입니다.
따라서 분모와 분자의 합이 23이고 차가 7인 진

분수는 $\frac{8}{15}$입니다.

답 $\frac{8}{15}$

5

길이가 30 cm인 끈을 모두 사용하므로 직사각
형의 네 변의 길이의 합은 30 cm입니다.
직사각형은 마주 보는 두 변의 길이가 서로 같으
므로 긴 변과 짧은 변의 길이의 합은
30÷2＝15 (cm)입니다.
긴 변과 짧은 변의 길이의 합이 15 cm가 되는
경우를 모두 찾아봅니다.

짧은 변 (cm)	1	2	3	4	5	6	7
긴 변 (cm)	14	13	12	11	10	9	8

따라서 만들 수 있는 직사각형은 모두 7가지입니
다.

답 7가지

6

각 동전의 금액의 합이 500원이 되는 경우를 모
두 찾아 봅니다.

100원짜리 동전 수 (개)	5	4	4	3	3	2
50원짜리 동전 수 (개)	0	2	1	4	3	5
10원짜리 동전 수 (개)	0	0	5	0	5	5

따라서 500원짜리 지우개를 한 개 살 때 돈을 낼
수 있는 방법은 모두 6가지입니다.

답 6가지

7

[예상 1] 남학생이 20명, 여학생이
40－20＝20(명)일 때
(남학생이 심은 나무 수)＝15×20＝300(그루),
(여학생이 심은 나무 수)＝12×20＝240(그루)
➡ (심은 나무 수)＝300＋240＝540(그루) (×)
[예상 2] 남학생이 19명, 여학생이
40－19＝21(명)일 때
(남학생이 심은 나무 수)＝15×19＝285(그루),
(여학생이 심은 나무 수)＝12×21＝252(그루)
➡ (심은 나무 수)＝285＋252＝537(그루) (×)
[예상 3] 남학생이 18명, 여학생이
40－18＝22(명)일 때
(남학생이 심은 나무 수)＝15×18＝270(그루),
(여학생이 심은 나무 수)＝12×22＝264(그루)
➡ (심은 나무 수)＝270＋264＝534(그루) (○)
따라서 주현이네 반 남학생은 18명, 여학생은
22명입니다.

답 남학생: 18명, 여학생: 22명

참고 남학생을 20명, 여학생을 20명으로 예상했
을 때 심은 나무 수의 합이 540그루로 534그루
보다 많으므로 나무를 더 많이 심는 남학생 수를
줄여서 다시 예상해 봅니다.

8

㉠－㉡＋㉢＝340에서 ㉠－㉡과 ㉢의 합이
340이므로 ㉢은 340보다 작아야 합니다.
수 카드의 수 중 340보다 작은 수는 172이므로
㉢＝172입니다.

㉠−㉡=340−172=168에서 일의 자리 수가 8이므로 차의 일의 자리 수가 8이 되도록 두 수를 예상해 봅니다.
[예상1] ㉠=723, ㉡=565이면
723−565=158입니다. (×)
[예상2] ㉠=723, ㉡=555이면
723−555=168입니다. (○)
따라서 723−555+172=340입니다.

답 ㉠=723, ㉡=555, ㉢=172

9 나눗셈

17−㉥㉦=2이므로 ㉥=1, ㉦=5입니다.
7−㉤=1이므로 ㉤=6이고 ㉣=7입니다.
㉠×㉡=6이고 ㉠>㉡이므로 ㉠=6, ㉡=1 또는 ㉠=3, ㉡=2라고 예상할 수 있습니다.
[예상1] ㉠=6, ㉡=1일 때
㉠×㉢=㉥㉦ ➡ 6×㉢=15를 만족하는 ㉢은 없습니다.
[예상2] ㉠=3, ㉡=2일 때
㉠×㉢=㉥㉦ ➡ 3×㉢=15를 만족하는 ㉢=5입니다.
따라서 ㉠=3, ㉡=2, ㉢=5입니다.

답 ㉠=3, ㉡=2, ㉢=5

10 덧셈과 뺄셈

주어진 세 수의 합이 11+8+5=24이므로 가로, 세로, 대각선 위에 놓인 세 수의 합이 24이어야 합니다.
가운데에 있는 수가 8이므로 8을 제외한 나머지 두 수의 합이 24−8=16이 되면 됩니다. 4부터 12까지의 수 중 합이 16이 되는 두 수를 찾으면 (4, 12), (5, 11), (6, 10), (7, 9)입니다.
(5, 11)은 사용했으므로 빈칸에 남은 두 수를 써넣어 봅니다.

• 색칠된 두 곳에 (4, 12)를 넣으면

11		4
㉢	8	
12		5

또는

11	㉢	12
	8	
4		5

이므로
㉢=24−11−12=1입니다. (×)

• 색칠된 두 곳에 (6, 10)을 넣으면

11		6
㉢	8	
10		5

또는

11	㉢	10
	8	
6		5

이므로
㉢=24−11−10=3입니다. (×)

• 색칠된 두 곳에 (7, 9)를 넣으면

11	6	7
4	8	12
9	10	5

또는

11	4	9
6	8	10
7	12	5

이므로 조건을 만족합니다. (○)

답

11	6	7
4	8	12
9	10	5

또는

11	4	9
6	8	10
7	12	5

도전, 창의사고력 78쪽

주어진 추는 500 g짜리 2개, 200 g짜리 2개, 100 g짜리 2개, 50 g짜리 2개입니다.
추 3개의 무게의 합이 각 과일의 무게가 되는 경우를 예상하여 추 3개만 사용하여 무게를 잴 수 있는지 확인해 봅니다.

• 오렌지: 400=200+100+100
➡ 200 g짜리 추 1개, 100 g짜리 추 2개 (○)
• 사과: 450=200+200+50
➡ 200 g짜리 추 2개, 50 g짜리 추 1개 (○)
• 바나나: 500=200+200+100
➡ 200 g짜리 추 2개, 100 g짜리 추 1개 (○)
• 포도: 550=500+50 또는
550=200+200+100+50
➡ 추 3개만 사용하여 무게를 잴 수 없습니다. (×)
• 배: 600=500+50+50
➡ 500 g짜리 추 1개, 50 g짜리 추 2개 (○)
• 파인애플: 750=500+200+50
➡ 500 g짜리 추 1개, 200 g짜리 추 1개, 50 g짜리 추 1개 (○)
• 수박: 1.3 kg은 1300 g이고
1300=500+500+200+100
➡ 추 3개만 사용하여 무게를 잴 수 없습니다. (×)

답 포도, 수박에 ×표

조건 을 따져 해결하기

익히기

1
원

문제분석 사각형 ㄱㄴㄷㄹ의 네 변의 길이의 합은 몇 cm

6

해결전략 반지름

풀이 ❶ 8, 18 / 13, 21 / 13, 19 / 6, 16
❷ 18, 21, 19, 16, 74

답 74

2
원

문제분석 삼각형 ㄱㄴㄷ의 세 변의 길이의 합은 몇 cm

14 / 10 / 5

해결전략 5 / 짧습니다

풀이
❶ (변 ㄴㄷ의 길이)
  =(큰 원의 반지름)+(작은 원의 반지름)
    -(겹쳐진 부분의 길이)
  =14+10-5=19 (cm)
❷ (삼각형 ㄱㄴㄷ의 세 변의 길이의 합)
  =14+19+10=43 (cm)

답 43 cm

3
분수

문제분석 다음 조건에 알맞은 분수

2, 3 / 7, 10

풀이 ❶ 2, 3 / 2
❷ 2, 7, 7, 3 / $2\frac{3}{7}$
❸ $2\frac{3}{7}$, $\frac{17}{7}$

답 $\frac{17}{7}$

4
분수

문제분석 다음 조건에 알맞은 분수

11

풀이
❶ $\frac{26}{11}=2\frac{4}{11}$이고 $\frac{31}{11}=2\frac{9}{11}$이므로 조건에 알맞은 분수는 $2\frac{4}{11}$보다 크고 $2\frac{9}{11}$보다 작습니다.
❷ 분모가 11이고 $2\frac{4}{11}$보다 크고 $2\frac{9}{11}$보다 작은 대분수를 모두 구하면
$2\frac{5}{11}$, $2\frac{6}{11}$, $2\frac{7}{11}$, $2\frac{8}{11}$입니다.

답 $2\frac{5}{11}$, $2\frac{6}{11}$, $2\frac{7}{11}$, $2\frac{8}{11}$

5
무게와 들이

문제분석 양파 두 개가 들어 있는 바구니의 무게는 몇 kg 몇 g

5, 600 / 900

풀이 ❶ 900, 900, 900, 900, 900 / 4500, 4, 500
❷ 4, 500, 1, 100
❸ 1, 100, 900, 900, 2, 900

답 2, 900

6
무게와 들이

문제분석 책 한 권의 무게는 몇 g

4, 700 / 3, 500

해결전략 3

풀이

❶ (책 3권의 무게)
= (책 7권이 들어 있는 상자의 무게)
− (책 3권을 꺼낸 후 잰 무게)
= 4 kg 700 g − 3 kg 500 g = 1 kg 200 g

❷ 400 g + 400 g + 400 g = 1 kg 200 g이므로
책 한 권의 무게는 400 g입니다.

답 400 g

적용하기
86~89쪽

1
분수와 소수

■.▲가 4보다 크고 5보다 작은 수이므로 ■는
4입니다. ➡ 4.▲
0.1이 46개인 수는 4.6입니다. ➡ 4.6 < 4.▲
따라서 조건을 만족하는 소수 ■.▲는 4.7, 4.8,
4.9입니다.

답 4.7, 4.8, 4.9

2
평면도형

태웅이가 만든 직사각형의 네 변의 길이의 합은
15 + 9 + 15 + 9 = 48 (cm)입니다.
➡ (남은 철사의 길이)
= 1 m − 48 cm = 100 cm − 48 cm
= 52 cm
미나가 만든 정사각형의 네 변의 길이의 합은
13 × 4 = 52 (cm)입니다.
➡ (남은 철사의 길이)
= 1 m − 52 cm = 100 cm − 52 cm
= 48 cm
52 cm > 48 cm이므로 남은 철사의 길이가 더
긴 사람은 태웅입니다.

답 태웅

3
곱셈

54 ★ 6 = 54 × 6 − 54 = 324 − 54 = 270

답 270

4
곱셈

유진이네 가족은 어른 7명, 어린이 3명입니다.
어른이 5명보다 많으면 단체 할인을 받을 수 있
으므로 어른 5명은 850원씩, 나머지 어른 2명은
750원씩, 어린이 3명은 550원씩 내고 입장할 수
있습니다.
➡ (어른 5명의 입장료) = 850 × 5 = 4250(원),
(나머지 어른 2명의 입장료)
= 750 × 2 = 1500(원),
(어린이 3명의 입장료) = 550 × 3 = 1650(원)
따라서 유진이네 가족의 입장료는 모두
4250 + 1500 + 1650 = 7400(원)입니다.

답 7400원

5
곱셈

8 > 7 > 5 > 4 > 2이므로 곱이 가장 큰 곱셈식을
만들기 위해 뽑아야 할 수는 8, 7, 5, 4입니다.
곱이 가장 크려면 8과 7을 각각 곱하는 두 수의
십의 자리에 놓아야 합니다.
➡ 85 × 74 = 6290, 84 × 75 = 6300이므로 곱이
가장 큰 곱셈식은 84 × 75 = 6300입니다.

답 6300

6
곱셈

164 × 4 = 656이므로 359 + ■ = 656일 때 ■에
알맞은 수를 구해 보면
359 + ■ = 656, 656 − 359 = ■, ■ = 297입니
다.
359 + ■ > 164 × 4가 되려면 ■는 297보다 큰
수이어야 합니다.
따라서 ■에 알맞은 수 중 가장 작은 자연수는
298입니다.

답 298

7
나눗셈

2 < 3 < 6 < 8이므로 가장 큰 수 8을 나누는 수로
하고, 2, 3으로 만들 수 있는 가장 작은 두 자리
수 23을 나누어지는 수로 합니다.
➡ 23 ÷ 8 = 2 ⋯ 7

따라서 나눗셈식의 몫이 가장 작을 때 몫은 2이고 나머지는 7입니다.

 몫: 2, 나머지: 7

8
원

(변 ㄱㄹ)=8+8=16 (cm)
큰 원의 반지름을 □ cm라 하면
(변 ㄴㄷ)=□+□−6이고,
(변 ㄴㄷ)=(변 ㄱㄹ)=16 cm이므로
□+□−6=16, □+□=22, □=11 (cm)입니다.
(변 ㄱㄴ)=(변 ㄹㄷ)=8+11=19 (cm)
따라서 직사각형 ㄱㄴㄷㄹ의 네 변의 길이의 합은 16+19+16+19=70 (cm)입니다.

 70 cm

9
나눗셈

두 번째 조건에 알맞은 수 8, 16, 24, 32, 40, 48, 56, …… 중 첫 번째 조건에 알맞은 수는 40과 48입니다.
40+2=42, 48+2=50
➡ 42÷7=6, 50÷7=7…1이므로 세 번째 조건에 알맞은 수는 40입니다.
따라서 조건에 모두 알맞은 수는 40입니다.

 40

10
무게와 들이

(야구공 2개의 무게)
=(야구공 10개가 들어 있는 가방의 무게)
  −(야구공 2개를 꺼낸 후 잰 무게)
=3 kg 800 g−3 kg 500 g=300 g
150 g+150 g=300 g이므로 야구공 한 개의 무게는 150 g입니다.
야구공 한 개의 무게는 150 g이므로 야구공 10개의 무게는 1500 g=1 kg 500 g입니다.
(빈 가방의 무게)
=(야구공 10개가 들어 있는 가방의 무게)
  −(야구공 10개의 무게)
=3 kg 800 g−1 kg 500 g=2 kg 300 g

 2 kg 300 g

도전, 창의사고력
90쪽

가, 나, 다 주차장에 30분, 1시간 30분, 10분 동안 주차했을 때 주차 요금을 각각 구한 후 비교합니다.

30분 동안 주차할 경우
가 주차장: 30분 추가 요금은 300×3=900(원)이므로 2500+900=3400(원)입니다.
나 주차장: 기본 요금만 내면 되므로 3000원입니다.
다 주차장: 30분 추가 요금은
50×30=1500(원)이므로
2000+1500=3500(원)입니다.
➡ 은지 아버지는 나 주차장에 주차해야 합니다.

10분 동안 주차할 경우
가 주차장: 10분 추가 요금은 300원이므로 2500+300=2800(원)입니다.
나 주차장: 기본 요금만 내면 되므로 3000원입니다.
다 주차장: 10분 추가 요금은 50×10=500(원)이므로 2000+500=2500(원)입니다.
➡ 유리 아버지는 다 주차장에 주차해야 합니다.

1시간 30분=90분 동안 주차할 경우
가 주차장: 90분 추가 요금은 300×9=2700(원)이므로 2500+2700=5200(원)입니다.
나 주차장: 30분을 제외한 60분 추가 요금은
500×6=3000(원)이므로
3000+3000=6000(원)입니다.
다 주차장: 90분 추가 요금은 50×90=4500(원)이므로 2000+4500=6500(원)입니다.
➡ 선호 아버지는 가 주차장에 주차해야 합니다.

 은지 아버지: 나 주차장
유리 아버지: 다 주차장
선호 아버지: 가 주차장

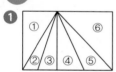

92~97쪽

1

평면도형

문제분석 크고 작은 사각형은 모두 몇 개

5

풀이 ❶ ④, ⑤, 4 / ④, ④, ⑤, 3 / ③, ④,
⑤, 2 / ②, ③, ④, ⑤, 1
❷ 4, 3, 2, 1, 15

답 15

2

평면도형

문제분석 크고 작은 삼각형은 모두 몇 개

6

해결전략 3, 4

풀이

❶

• 삼각형 1개짜리: ①, ②, ③, ④, ⑤, ⑥
  ➡ 6개
• 삼각형 2개짜리: ②+③, ③+④, ④+⑤
  ➡ 3개
• 삼각형 3개짜리: ②+③+④, ③+④+⑤
  ➡ 2개
• 삼각형 4개짜리: ②+③+④+⑤ ➡ 1개
❷ 도형에서 찾을 수 있는 크고 작은 삼각형은
모두 6+3+2+1=12(개)입니다.

답 12개

3

원

문제분석 파란색 선의 길이는 몇 cm

6 / 3

풀이 ❶ 2, 2, 6
❷

14 / 14, 84

답 84

4

원

문제분석 초록색 선의 길이는 몇 cm

8 / 8

풀이

❶ (원의 지름)=(원의 반지름)×2
        =8×2=16 (cm)

❷

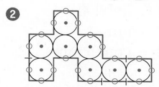

초록색 선은 원의 지름의 18배입니다.
➡ (초록색 선의 길이)=16×18=288 (cm)

답 288 cm

5

나눗셈

문제분석 가로등과 가로등 사이의 거리는 몇 m

95 / 6

풀이 ❶ 2 / 3 / 5
❷ 95, 5, 19

답 19

6

나눗셈

문제분석 이어 붙여 만든 리본의 전체 길이는 몇 cm
몇 mm

9, 4 / 10 / 5

❶ 리본 3도막을 이어 붙이면 겹치는 부분은
3−1=2(군데) 생기고, 리본 4도막을 이어
붙이면 겹치는 부분은 4−1=3(군데) 생깁니다.
➡ 리본 10도막을 이어 붙이면 겹치는 부분은
10−1=9(군데) 생깁니다.

❷ (리본 10도막의 길이의 합)
=9 cm 4 mm+9 cm 4 mm
 +9 cm 4 mm+9 cm 4 mm
 +9 cm 4 mm+9 cm 4 mm
 +9 cm 4 mm+9 cm 4 mm
 +9 cm 4 mm+9 cm 4 mm
=90 cm+40 mm=90 cm+4 cm
=94 cm

❸ 리본이 5 mm씩 9군데 겹치므로
겹치는 부분의 길이의 합은
5 mm×9=45 mm ➡ 4 cm 5 mm
입니다.
➡ (이어 붙여 만든 리본의 전체 길이)
=(리본 10도막의 길이의 합)
 −(겹치는 부분의 길이의 합)
=94 cm−4 cm 5 mm
=93 cm 10 mm−4 cm 5 mm
=89 cm 5 mm

답 89 cm 5 mm

적용하기 98~101쪽

1 나눗셈

(나무와 나무 사이의 간격 수)
=(도로 한쪽의 길이)÷(나무와 나무 사이의 거리)
=63÷7=9(군데)

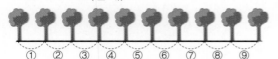

나무와 나무 사이의 간격이 2군데일 때
심은 나무는 2+1=3(그루)이고,
나무와 나무 사이의 간격이 3군데일 때
심은 나무는 3+1=4(그루)입니다.

➡ 나무와 나무 사이의 간격이 9군데일 때
심은 나무는 9+1=10(그루)입니다.

답 10그루

2 평면도형

(정사각형의 한 변의 길이)=72÷4=18 (cm)
정사각형의 한 변의 길이는 원의 반지름의 6배
와 같습니다.
(원의 반지름)=(정사각형의 한 변의 길이)÷6
=18÷6=3 (cm)

답 3 cm

3 평면도형

작은 정사각형 1개, 4개, 9개, 16개로 이루어진
정사각형을 각각 찾아 그 수를 세어 봅니다.

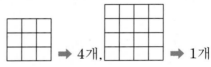

➡ 찾을 수 있는 크고 작은 정사각형은 모두
16+9+4+1=30(개)입니다.

답 30개

4 나눗셈

통나무를 2도막으로 자르려면 2−1=1(번)
잘라야 하고, 통나무를 3도막으로 자르려면
3−1=2(번) 잘라야 합니다.
➡ 통나무를 8도막으로 자를 때 통나무를 자르
는 횟수는 8−1=7(번)입니다.
(통나무를 한 번 자르는 데 걸리는 시간)
=(전체 걸린 시간)÷(자른 횟수)
=35÷7=5(분)

답 5분

가로로 2개, 세로로 2개의 직선을 그었을 때 각 직선이 만나서 생기는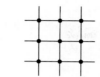
점은 2×2＝4(개)입니다.
가로로 3개, 세로로 3개의 직선을 그었을 때 각 직선이 만나서 생기는 점은 3×3＝9(개)입니다.
➡ 가로로 ■개, 세로로 ■개의 직선을 그었을 때 각 직선이 만나서 생기는 점은 (■×■)개입니다.
따라서 직선을 가로로 49개, 세로로 49개 그었을 때 각 직선이 만나서 생기는 점은 모두 49×49＝2401(개)입니다.

답 2401개

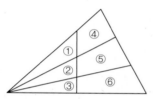

작은 도형 1개짜리: ①, ②, ③ ➡ 3개
작은 도형 2개짜리: ①＋④, ②＋⑤, ③＋⑥,
　　　　　　　　　①＋②, ②＋③ ➡ 5개
작은 도형 3개짜리: ①＋②＋③ ➡ 1개
작은 도형 4개짜리: ①＋②＋④＋⑤,
　　　　　　　　　②＋③＋⑤＋⑥ ➡ 2개
작은 도형 6개짜리: ①＋②＋③＋④＋⑤＋⑥
　　　　　　　　　➡ 1개
따라서 도형에서 찾을 수 있는 크고 작은 삼각형은 모두 3＋5＋1＋2＋1＝12(개)입니다.

답 12개

2분 동안 700 mL의 물이 새고
350 mL＋350 mL＝700 mL이므로 1분 동안 새는 물의 양은 350 mL입니다.
1분 동안 나오는 물의 양이 1 L 600 mL이므로

1분 동안 물을 받을 때 그릇에 남아 있는 물의 양은 1 L 600 mL－350 mL＝1 L 250 mL 입니다.
➡ (물을 6분 동안 받았을 때 그릇에 남아 있는 물의 양)
＝1 L 250 mL＋1 L 250 mL
　＋1 L 250 mL＋1 L 250 mL
　＋1 L 250 mL＋1 L 250 mL
＝6 L＋1500 mL＝7 L 500 mL

답 7 L 500 mL

원 2개를 겹쳐서 그렸을 때 선분 ㄱㄴ의 길이는 원의 반지름의 2＋1＝3(배)입니다.

원 3개를 겹쳐서 그렸을 때 선분 ㄱㄴ의 길이는 원의 반지름의 3＋1＝4(배)입니다.

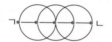

➡ 원 10개를 겹쳐서 그렸을 때 선분 ㄱㄴ의 길이는 원의 반지름의 10＋1＝11(배)입니다.
원의 반지름은 14÷2＝7 (cm)이므로 선분 ㄱㄴ의 길이는 7×11＝77 (cm)입니다.

답 77 cm

한 변에 기둥을 3개씩 세울 때 필요한 기둥은 2개씩 4묶음이므로 2×4＝8(개)입니다.
한 변에 기둥을 4개씩 세울 때 필요한 기둥은 3개씩 4묶음이므로 3×4＝12(개)입니다.
➡ 한 변에 기둥을 ■개씩 세울 때 필요한 기둥은 (■－1)개씩 4묶음입니다.
따라서 한 변에 기둥을 60개씩 세울 때 필요한 기둥은 59개씩 4묶음이므로 59×4＝236(개)입니다.

답 236개

3층까지 그린 정사각형의 변을 오른쪽과 같이 이동시키면 둘레의 길이는 도형을 둘러싼 큰 정사각형의 네 변의 길이의 합과 같습니다.

이때 큰 정사각형의 한 변은 길이가 8 cm인 변 3개의 길이와 같습니다.

정사각형을 15층까지 그린 그림을 둘러싼 큰 정사각형의 한 변은 길이가 8 cm인 변 15개의 길이와 같으므로 $8 \times 15 = 120$ (cm)입니다.

➡ (15층까지 그린 그림에서 둘레의 길이)
  $= 120 + 120 + 120 + 120 = 480$ (cm)

 480 cm

도전, 창의사고력

주어진 조건에 따라서 〈4×4〉 정사각형을 나누어 봅니다.

답

 〈4×4〉 정사각형 1개
➡ 1개로 나누는 경우

 〈3×3〉 정사각형 1개,
〈1×1〉 정사각형 7개
➡ $1 + 7 = 8$(개)로 나누는 경우

 〈2×2〉 정사각형 4개
➡ 4개로 나누는 경우

 〈2×2〉 정사각형 3개,
〈1×1〉 정사각형 4개
➡ $3 + 4 = 7$(개)로 나누는 경우

 〈2×2〉 정사각형 2개,
〈1×1〉 정사각형 8개
➡ $2 + 8 = 10$(개)로 나누는 경우

 〈2×2〉 정사각형 1개,
〈1×1〉 정사각형 12개
➡ $1 + 12 = 13$(개)로 나누는 경우

 〈1×1〉 정사각형 16개
➡ 16개로 나누는 경우

전략 이룸 **60**제

104~107쪽

1~10

1 0.5 **2** 302개

3 몫: 11, 나머지: 4 **4** 35 cm

5 13상자, 5개 **6** 456

7 7 cm **8** $\dfrac{13}{19}$ **9** 90개

10 30쪽

---

1 그림을 그려 해결하기

전체를 똑같이 10으로 나누면 오른쪽과 같습니다.

색칠한 부분은 전체를 똑같이 10으로 나눈 것 중의 5이므로 $\dfrac{5}{10}$이고 소수로 나타내면 0.5입니다.

2 식을 만들어 해결하기

삼각형의 꼭짓점은 3개이고, 사각형의 꼭짓점은 4개입니다.

(삼각형의 꼭짓점 수)=3×46=138(개)

(사각형의 꼭짓점 수)=4×41=164(개)

➡ (삼각형과 사각형의 꼭짓점 수)

=138+164=302(개)

3 거꾸로 풀어 해결하기

어떤 수를 □라 하고 잘못 계산한 식을 만들면 □÷6=13…3입니다.

6×13=78 ➡ 78+3=81이므로 □=81입니다.

따라서 바르게 계산하면 81÷7=11…4이므로 몫은 11이고, 나머지는 4입니다.

4 식을 만들어 해결하기

(변 ㄴㄷ의 길이)

=(큰 원의 반지름)+(작은 원의 반지름)-3

=12+7-3=16 (cm)

(삼각형 ㄱㄴㄷ의 세 변의 길이의 합)

=(변 ㄱㄴ)+(변 ㄴㄷ)+(변 ㄱㄷ)

=12+16+7=35 (cm)

5 거꾸로 풀어 해결하기

전체 사과의 수는 6개씩 27봉지에 14개를 더한 것과 같으므로 6×27=162(개)

➡ 162+14=176(개)입니다.

팔고 남은 사과의 수는 176-80=96(개)이고, 사과 96개를 한 상자에 7개씩 담으면 96÷7=13…5이므로 최대 13상자에 담을 수 있고 5개가 남습니다.

6 조건을 따져 해결하기

7>6>5>3>0이므로 만들 수 있는 가장 큰 수는 765이고 두 번째로 큰 수는 763입니다.

만들 수 있는 가장 작은 수는 305이고 두 번째로 작은 수는 306, 세 번째로 작은 수는 307입니다.

➡ 763-307=456

7 식을 만들어 해결하기

(전체 철사의 길이)

=(정사각형의 네 변의 길이의 합)

=16×4=64 (cm)

(직사각형 한 개의 네 변의 길이의 합)

=64÷2=32 (cm)

직사각형은 마주 보는 두 변의 길이가 서로 같으므로 (긴 변의 길이)+(짧은 변의 길이)

=32÷2=16 (cm)입니다.

➡ (짧은 변의 길이)=16-9=7 (cm)

8 표를 만들어 해결하기

분자가 분모보다 작고 분모와 분자의 합이 32가 되도록 예상하여 곱을 확인해 봅니다.

분자	15	14	13	12
분모	17	18	19	20
곱	255	252	247	240

따라서 구하는 진분수는 $\dfrac{13}{19}$입니다.

9 조건을 따져 해결하기

백의 자리 숫자가 1일 때 십의 자리 숫자가 0인
세 자리 수는 100, 101, 102, 103, 104,
105, 106, 107, 108, 109로 10개입니다.
백의 자리 숫자가 2, 3, …… 8, 9일 때에도
십의 자리 숫자가 0인 세 자리 수는 각각
10개씩입니다.
따라서 십의 자리 숫자가 0인 세 자리 수는
모두 $10 \times 9 = 90$(개)입니다.

10 그림을 그려 해결하기

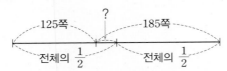

책의 전체 쪽수는 $125 + 185 = 310$(쪽)이고
$155 + 155 = 310$이므로 전체 쪽수의 $\frac{1}{2}$은
155쪽입니다.
따라서 더 읽어야 하는 쪽수는
$155 - 125 = 30$(쪽)입니다.

11~20	108~111쪽
11 15개	**12** 0.1
13 44쪽, 45쪽	**14** 4가지
15 4 **16** 14분	**17** 12개
18 232 **19** 112 cm	
20 0.1, 0.3, 0.5, 0.7, 0.9, 1.1	

---

11 식을 만들어 해결하기

(전체 학생 수)$= 37 + 48 = 85$(명)
$85 \div 6 = 14 \cdots 1$이므로 6명씩 14개의 의자에
앉을 수 있고 1명이 남게 됩니다.
남은 1명도 앉아야 하므로 긴 의자는 적어도
$14 + 1 = 15$(개) 필요합니다.

12 그림을 그려 해결하기

그림을 그려 알아보면 오른쪽과
같습니다.
밭 전체를 1로 생각하고 똑같이
10칸으로 나누어 배추와 무를 심은

부분을 나타내면 고추를 심은 부분은 1칸이므
로 밭 전체의 $\frac{1}{10} = 0.1$입니다.

13 예상과 확인으로 해결하기

왼쪽의 쪽수가 □쪽이면 오른쪽의 쪽수는
(□$+1$)쪽이므로 곱이 1980이 되는 두 수를
예상해 봅니다.

왼쪽의 쪽수	40	42	44	46
오른쪽의 쪽수	41	43	45	47
곱	1640	1806	1980	2162

따라서 찬휘가 펼친 면의 두 쪽수는 각각 44쪽,
45쪽입니다.

(참고) 책의 왼쪽의 쪽수는 짝수, 오른쪽의 쪽
수는 홀수입니다.

14 조건을 따져 해결하기

(가로에 놓은 바둑돌 수)$\times$(세로에 놓은 바둑
돌 수)$= 48$이 되어야 합니다.
두 수를 곱하여 48이 되는 경우를 찾아보면
2×24, 3×16, 4×12, 6×8이 있습니다.
따라서 바둑돌 48개를 직사각형 모양으로 놓
는 방법은 모두 4가지입니다.

15 조건을 따져 해결하기

세 수 2, 5, 8 중 두 수로 만들 수 있는 두 자
리 수는 25, 28, 52, 58, 82, 85입니다.
만들 수 있는 두 자리 수를 각각 남은 수 카드
의 수로 나누어 봅니다.
$25 \div 8 = 3 \cdots 1$, $28 \div 5 = 5 \cdots 3$,
$52 \div 8 = 6 \cdots 4$, $58 \div 2 = 29$,
$82 \div 5 = 16 \cdots 2$, $85 \div 2 = 42 \cdots 1$
따라서 나머지가 가장 클 때의 나머지는
4입니다.

16 식을 만들어 해결하기

5분에 20 L씩 나오는 수도꼭지에서는
1분에 물이 $20 \div 5 = 4$ (L)씩 나오고,
3분에 9 L씩 나오는 수도꼭지에서는
1분에 물이 $9 \div 3 = 3$ (L)씩 나옵니다.
두 수도꼭지를 동시에 틀어서 1분 동안 받을
수 있는 물의 양은 $4 + 3 = 7$ (L)이므로
물 98 L를 받으려면 물을 $98 \div 7 = 14$(분)
동안 받아야 합니다.

17 예상과 확인으로 해결하기

맞힌 문제 수와 틀린 문제 수의 합이 14가 되도록 예상하고 점수가 86점이 되는 경우를 찾아봅니다.

맞힌 문제 수 (개)	14	13	12	11
틀린 문제 수 (개)	0	1	2	3
득점 (점)	14×5 $=70$	13×5 $=65$	12×5 $=60$	11×5 $=55$
감점 (점)	0	2	4	6
점수 (점)	100	93	86	79

따라서 준우가 맞힌 문제는 12개입니다.

18 조건을 따져 해결하기

$4<5<8<9$이므로 수 카드 4, 5, 8을 사용합니다. 곱하는 한 자리 수에 가장 작은 수를 놓고 나머지 두 수로 가장 작은 두 자리 수를 만들어 곱셈식을 만듭니다. ➡ $58 \times 4=232$

19 단순화하여 해결하기

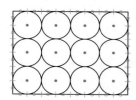

상자를 위에서 본 직사각형 모양의 긴 변은 원의 반지름 8개의 길이와 같고, 짧은 변은 원의 반지름 6개의 길이와 같습니다.
따라서 네 변의 길이의 합은 원의 반지름의 $8+6+8+6=28$(배)입니다.
원의 반지름은 4 cm이므로
상자를 위에서 본 모양의 네 변의 길이의 합은 $4 \times 28=112$ (cm)입니다.

20 조건을 따져 해결하기

0.1이 13개인 수는 1.3입니다.
➡ ■.▲<1.3
1.3보다 작은 소수는 소수점 왼쪽의 수가 0 또는 1입니다. ➡ ■.▲에서 ■$=0$ 또는 1
• ■$=0$일 때 ▲가 홀수인 소수 ■.▲는 0.1, 0.3, 0.5, 0.7, 0.9입니다.
• ■$=1$일 때 ▲가 홀수인 소수 ■.▲는 1.1입니다.

따라서 조건을 만족하는 소수는
0.1, 0.3, 0.5, 0.7, 0.9, 1.1입니다.

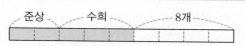

21~30   112~115쪽

21 18개   **22** ■$=87$, ▲$=7$
23 8   **24** 오전 11시 9분 35초
25

$$\begin{array}{r} \boxed{5}\,7\,\boxed{4} \\ \times \quad\ \boxed{2} \\ \hline 1\ 1\ 4\ 8 \end{array}$$

26 2 km 350 m   **27** 5마리
28 수요일   **29** 우진, 6시간 52분 5초
30 $59 \div 7=8\cdots3$, $59 \div 8=7\cdots3$

21 그림을 그려 해결하기

준상이와 수희가 먹고 남은 과자는 전체 과자의 $\dfrac{4}{9}$입니다.

전체 과자의 $\dfrac{4}{9}$가 8개이므로

전체 과자의 $\dfrac{1}{9}$은 $8 \div 4=2$(개)입니다.

따라서 처음에 있던 과자는 $2 \times 9=18$(개)입니다.

22 예상과 확인으로 해결하기

■$\div$▲$=12\cdots3$이므로 ■는 ▲$\times 12$에 3을 더한 값과 같습니다.
나머지는 나누는 수보다 작아야 하므로 ▲는 3보다 큰 수입니다.
▲$=4$일 때부터 ■의 값을 예상하여 ▲$+$■의 값이 94가 되는 경우를 찾아봅니다.

▲	4	5	6	7	8
▲$\times 12$	48	60	72	84	96
■	51	63	75	87	99
▲$+$■	55	68	81	94	107

➡ ■$=87$, ▲$=7$

23 규칙을 찾아 해결하기

2, $2 \times 2 = 4$, $2 \times 2 \times 2 = 8$,
$2 \times 2 \times 2 \times 2 = 16$, $2 \times 2 \times 2 \times 2 \times 2 = 32$,
$2 \times 2 \times 2 \times 2 \times 2 \times 2 = 64$,
$2 \times 2 \times 2 \times 2 \times 2 \times 2 \times 2 = 128$,
$2 \times 2 \times 2 \times 2 \times 2 \times 2 \times 2 \times 2 = 256$, ……
2를 한 번, 두 번, 세 번, 네 번, …… 곱할
때 곱의 일의 자리 숫자는 4개의 숫자 2, 4,
8, 6이 반복되는 규칙입니다.
$55 \div 4 = 13 \cdots 3$이므로 2를 55번 곱할 때 곱
의 일의 자리 숫자는 2를 3번 곱할 때 곱의
일의 자리 숫자와 같은 8입니다.

24 거꾸로 풀어 해결하기

오후 2시 15분 40초 ➡ 14시 15분 40초
(두 번째 영화가 시작한 시각)
$=$14시 15분 40초$-$1시간 25분 50초
$=$12시 49분 50초
(첫 번째 영화가 시작한 시각)
$=$12시 49분 50초$-$1시간 40분 15초
$=$11시 9분 35초 ➡ 오전 11시 9분 35초

25 예상과 확인으로 해결하기

$$\begin{array}{r} ⊙ \, 7 \, ⓒ \\ \times \qquad ⓒ \\ \hline 1 \, 1 \, 4 \, 8 \end{array}$$

ⓒ$\times$ⓒ의 일의 자리 숫자
가 8인 두 수 중 7보다 작
은 (ⓒ, ⓒ)을 찾으면 다
음과 같습니다.

➡ (2, 4), (3, 6), (4, 2), (6, 3)
- (ⓒ, ⓒ)이 (2, 4)라고 예상하면
  $72 \times 4 = 288$로 곱의 십의 자리 숫자가
  4가 아닙니다. ($\times$)
- (ⓒ, ⓒ)이 (3, 6)이라고 예상하면
  $73 \times 6 = 438$로 곱의 십의 자리 숫자가
  4가 아닙니다. ($\times$)
- (ⓒ, ⓒ)이 (4, 2)라고 예상하면
  $74 \times 2 = 148$로 곱의 십의 자리 숫자가
  4이고 백의 자리로 받아올림이 있으므로
  백의 자리 계산에서 ⊙$\times 2 + 1 = 11$,
  ⊙$=5$입니다. ($\bigcirc$)
- (ⓒ, ⓒ)이 (6, 3)이라고 예상하면
  $76 \times 3 = 228$로 곱의 십의 자리 숫자가
  4가 아닙니다. ($\times$)
따라서 ⊙$=5$, ⓒ$=4$, ⓒ$=2$입니다.

26 그림을 그려 해결하기

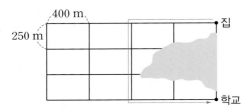

집에서 학교까지 가장 가까운 길로 가는 방법
은 위와 같으므로 400 m를 4번, 250 m를
3번 가면 됩니다.
(가장 가까운 길로 가는 거리)
$=$400 m$+$400 m$+$400 m$+$400 m
　$+$250 m$+$250 m$+$250 m
$=$2350 m$=$2 km 350 m

27 예상과 확인으로 해결하기

금붕어와 열대어 수의 합이 8마리인 경우를
예상하고 값의 합이 2700원이 되는 경우를
찾아봅니다.

금붕어 수 (마리)	7	6	5	4
열대어 수 (마리)	1	2	3	4
금붕어 값 (원)	2100	1800	1500	1200
열대어 값 (원)	400	800	1200	1600
전체 금액 (원)	2500	2600	2700	2800

따라서 금붕어를 5마리 샀습니다.

28 조건을 따져 해결하기

아영이가 일주일 동안 푼 전체 수학 문제
수는 $12+8+9+11+8+10+6=64$(개)
입니다.
64의 $\frac{1}{8}$은 8이므로 64의 $\frac{5}{8}$는 $8 \times 5 = 40$
입니다.
월요일까지 푼 문제 수는 $12+8=20$(개),
화요일까지 푼 문제 수는 $20+9=29$(개),
수요일까지 푼 문제 수는 $29+11=40$(개)
입니다.
따라서 일주일 동안 푼 전체 문제 수의
$\frac{5}{8}$만큼까지 문제를 푼 날은 수요일입니다.

29 식을 만들어 해결하기

우진이가 보낸 소포가 삼촌 댁까지 가는 데
걸린 시간을 구하면

소포를 보낸 날 걸린 시간은

밤 12시-5시 30분 50초=6시간 29분 10초

이고, 다음 날 걸린 시간은 밤 12시부터 오전

11시 20분 10초까지이므로

11시간 20분 10초입니다.

➡ 총 걸린 시간은

6시간 29분 10초+11시간 20분 10초

=17시간 49분 20초입니다.

따라서 우진이가 보낸 소포가 도착하는 데

17시간 49분 20초-10시간 57분 15초

=6시간 52분 5초 더 오래 걸렸습니다.

30 예상과 확인으로 해결하기

• 나누는 수가 3이면 나머지는 3보다 작은 수가 되어야 하므로 3은 나누는 수가 될 수 없습니다.

• 나누는 수가 5이면 나누어지는 수의 일의 자리 수가 9로 십의 자리에 어떤 수를 넣어도 나머지가 4이므로 5는 나누는 수가 될 수 없습니다.

• 나누는 수가 7이면 나누어지는 수가 될 수 있는 수는 39, 59, 89입니다.

➡ $39 \div 7 = 5 \cdots 4$ (×),

$59 \div 7 = 8 \cdots 3$ (○),

$89 \div 7 = 12 \cdots 5$ (×)

• 나누는 수가 8이면 나누어지는 수가 될 수 있는 수는 39, 59, 79입니다.

➡ $39 \div 8 = 4 \cdots 7$ (×),

$59 \div 8 = 7 \cdots 3$ (○),

$79 \div 8 = 9 \cdots 7$ (×)

따라서 만들 수 있는 나눗셈식은

$59 \div 7 = 8 \cdots 3$,

$59 \div 8 = 7 \cdots 3$입니다.

31~40	116~119쪽

31 1061	**32** 풀이 참조	
33 27개	**34** 753 cm	**35** 9개
36 12시간 10분 10초		**37** 4
38 52	**39** $\frac{1}{8}$	**40** 700 g

31 거꾸로 풀어 해결하기

259의 백의 자리 숫자와 십의 자리 숫자를 바꾼 수는 529입니다.

어떤 수를 □라 하면 잘못 계산한 식은

□-529=273이므로 □=273+529=802

입니다.

어떤 수는 802이므로 바르게 계산한 값은

802+259=1061입니다.

32 조건을 따져 해결하기

예 들이가 300 mL인 컵에 물을 가득 채워 들이가 500 mL인 컵에 붓습니다.

들이가 300 mL인 컵에 다시 물을 가득 채워 들이가 500 mL인 컵에 물이 가득 찰 때까지 부으면 들이가 300 mL인 컵에 100 mL의 물이 남게 됩니다.

다른풀이 예 들이가 500 mL인 컵에 물을 가득 채워 수조에 두 번 부은 다음 들이가 300 mL 인 컵에 물을 가득 채워 3번 덜어내면 수조에 물 100 mL가 남게 됩니다.

33 단순화하여 해결하기

①	②	
③	④	⑤
⑥	⑦	⑧

작은 직사각형 1개, 2개, 3개, 4개, 6개로 이루어진 직사각형을 각각 찾아 세어 봅니다.

직사각형 1개짜리:

①, ②, ③, ④, ⑤, ⑥, ⑦, ⑧ ➡ 8개

직사각형 2개짜리:

①+②, ③+④, ④+⑤, ⑥+⑦, ⑦+⑧,

①+③, ③+⑥, ②+④, ④+⑦, ⑤+⑧

➡ 10개

직사각형 3개짜리:

③+④+⑤, ⑥+⑦+⑧, ①+③+⑥,

②+④+⑦ ➡ 4개

직사각형 4개짜리: ①+②+③+④,

③+④+⑥+⑦, ④+⑤+⑦+⑧ ➡ 3개

직사각형 6개짜리:

①+②+③+④+⑥+⑦,

③+④+⑤+⑥+⑦+⑧ ➡ 2개

따라서 도형에서 찾을 수 있는 크고 작은 직사각형은 모두 8+10+4+3+2=27(개)입니다.

34 단순화하여 해결하기

색 테이프 한 장을 추가로 겹쳐서 이어 붙일 때마다 전체 길이는 28−3＝25 (cm)만큼 늘어납니다.

색 테이프 2장을 겹쳐서 이어 붙이면 색 테이프 한 장보다 길이가 25 cm 늘어나므로 28＋25＝53 (cm)입니다.

색 테이프 3장을 겹쳐서 이어 붙이면 색 테이프 한 장보다 길이가 25×2＝50 (cm)만큼 늘어나므로 28＋50＝78 (cm)입니다.

색 테이프 30장을 겹쳐서 이어 붙이면 색 테이프 한 장보다 길이가 25×29＝725 (cm)만큼 늘어나므로 이어붙인 색 테이프의 전체 길이는 28＋725＝753 (cm)입니다.

 (색 테이프 30장의 길이의 합)
＝28×30＝840 (cm)
(겹쳐진 부분)＝30−1＝29(군데),
(겹쳐진 부분의 길이의 합)
＝3×29＝87 (cm)
➡ (이어 붙인 색 테이프의 전체 길이)
＝840−87＝753 (cm)

35 규칙을 찾아 해결하기

순서	첫 번째	두 번째	세 번째	네 번째
■ 모양의 수 (개)	3	3	10	10
● 모양의 수 (개)	1	6	6	15
■ 모양과 ● 모양의 수의 차 (개)	2	3	4	5

➡ (■번째에 놓이는 ■ 모양과 ● 모양 수의 차)
＝(■＋1)개가 되는 규칙입니다.
따라서 8번째에 놓이는 ■ 모양과 ● 모양 수의 차는 8＋1＝9(개)입니다.

36 식을 만들어 해결하기

(어제 밤의 길이)
＝(어제 낮의 길이)−20분 20초
(하루의 시간)
＝(어제 낮의 길이)＋(어제 밤의 길이)
＝(어제 낮의 길이)＋(어제 낮의 길이)
　　−20분 20초
＝24시간

(어제 낮의 길이)＋(어제 낮의 길이)
＝24시간＋20분 20초
＝24시간 20분 20초
➡ (어제 낮의 길이)＝12시간 10분 10초

37 예상과 확인으로 해결하기

■＜▲＜●일 때 곱이 가장 작은
(두 자리 수)×(한 자리 수)는 ▲●×■입니다.
★이 1일 때 28×1＝28이므로 만족하지 않습니다.
★이 9일 때 89×2＝178이므로 만족하지 않습니다.
★이 2보다 크고 8보다 작을 때
★8×2＝96이고 96÷2＝48이므로
★＝4입니다.

38 예상과 확인으로 해결하기

32×43＝1376
[예상1] □＝20일 때 65×20＝1300이므로
　　　　1376＞1300 (×)
[예상2] □＝21일 때 65×21＝1365이므로
　　　　1376＞1365 (×)
[예상3] □＝22일 때 65×22＝1430이므로
　　　　1376＜1430＜2000 (○)
[예상4] □＝30일 때 65×30＝1950이므로
　　　　1376＜1950＜2000 (○)
[예상5] □＝31일 때 65×31＝2015이므로
　　　　2015＞2000 (×)
따라서 □ 안에 들어갈 수 있는 자연수 중 가장 큰 수는 30, 가장 작은 수는 22이므로 두 수의 합은 52입니다.

39 그림을 그려 해결하기

그림과 같이 빗금 친 작은 삼각형을 각각 위로 옮기면 직사각형 모양으로 만들 수 있습니다.

만든 직사각형 모양은 작은 정사각형 8개로 나누어지므로 색칠한 정사각형은
사각형 ㄱㄴㅁㅂ의 $\frac{1}{8}$입니다.

40 조건을 따져 해결하기

㉣ 저울의 눈금이 1380 g을 가리키므로
(귤 무게)＋(㉮ 저울의 무게)＋(㉯ 저울의 무
게)＋(㉰ 저울의 무게)＝1380 g입니다.
㉰ 저울의 눈금이 680 g을 가리키므로
(귤 무게)＋(㉮ 저울의 무게)＋(㉯ 저울의 무
게)＝680 g입니다.
➡ (㉰ 저울의 무게)＝1380－680＝700 (g)

41~50 120~123쪽

41 96 cm **42** 59 **43** 9개
44 11개 **45** 640개 **46** 4 cm
47 531 **48** 4번
49 공책: 750원, 지우개: 520원
50 오전 1시 34분 50초

41 단순화하여 해결하기

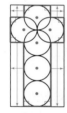

왼쪽 그림과 같이 파란색 선을 옮
겨서 생각하면 파란색 선의 길이는
짧은 변의 길이가 8×2＝16 (cm),
긴 변의 길이가 8×4＝32 (cm)
인 직사각형의 네 변의 길이의
합과 같습니다.
따라서 파란색 선의 길이는
16＋32＋16＋32＝96 (cm)입니다.

42 조건을 따져 해결하기

4로 나누었을 때 나머지가 3인 수는 7, 11,
15, 19, 23, 27, 31, 35, 39, 43, 47, 51,
55, 59, ……입니다.
7로 나누었을 때 나머지가 3인 수는 10, 17,
24, 31, 38, 45, 52, 59, ……입니다.
두 조건을 모두 만족하는 수는 31, 59, 87,
……입니다.
이 중에서 60에 가장 가까운 수는 59입니다.

 다른
풀이

4×7＝28이므로 4로 나누어도 나누어떨어
지고, 7로 나누어도 나누어떨어지는 수는 28,
28×2＝56, 28×3＝84, ……입니다.

4와 7로 각각 나누었을 때 나머지가 모두 3인
수는 28＋3＝31, 56＋3＝59, 84＋3＝87,
……이고 그중 60에 가장 가까운 수는 59입
니다.

43 규칙을 찾아 해결하기

사각형, 삼각형, 육각형, 오각형 4개의 도형
이 반복되는 규칙입니다.
50÷4＝12…2이므로 50번째에 놓이는 도
형은 2번째에 놓이는 도형과 같은 삼각형입
니다.
99÷4＝24…3이므로 99번째에 놓이는 도
형은 3번째에 놓이는 도형과 같은 육각형입
니다.
따라서 변의 수의 합은
(삼각형의 변의 수)＋(육각형의 변의 수)
＝3＋6＝9(개)입니다.

44 단순화하여 해결하기

작은 원 2개를 겹치게 그리면 굵은 선의 길이
가 3×3＝9 (cm)이고
작은 원 3개를 겹치게 그리면 굵은 선의 길이
가 3×4＝12 (cm)입니다.
➡ 작은 원 ■개를 겹치게 그리면 굵은 선의
길이가 (3×(■＋1)) cm가 됩니다.
(큰 원의 지름)＝18×2＝36 (cm)
지름이 36 cm인 큰 원 안에 그린 작은 원의
개수를 □개라 하면 3×(□＋1)＝36이고
3×12＝36이므로 □＋1＝12, □＝11(개)
입니다.

45 조건을 따져 해결하기

종류별 팔린 빵의 수

종류	빵의 수
식빵	◎◎◎
크림빵	◎●●●●●●●●
단팥빵	◎◎◎◎●●●
도넛	◎◎●●●●●●

◎ 500개
● 100개
· 10개

한 달 동안 팔린 식빵 수는 1100개이고 크림
빵 수는 690개입니다.

$690=230+230+230$이므로 690의 $\frac{1}{3}$은
230이고, 690의 $\frac{2}{3}$는 $230\times2=460$입니다.

➡ 한 달 동안 팔린 단팥빵의 수는 460개이고
도넛의 수는
$3000-1100-690-460=750$(개)입니다.
따라서 가장 많이 팔린 빵은 식빵이고 가장
적게 팔린 빵은 단팥빵이므로 식빵은 단팥빵
보다 $1100-460=640$(개) 더 많이 팔렸습
니다.

46 단순화하여 해결하기

직사각형의 네 변의 길이에 큰 원의 반지름
12개, 작은 원의 반지름 12개가 있습니다.
(큰 원의 반지름 12개의 길이)
$=9\times12=108$ (cm)
작은 원의 반지름을 □ cm라 하면
$□\times12=156-108=48$이고 $4\times12=48$
이므로 $□=4$ (cm)입니다.
따라서 작은 원의 반지름은 4 cm입니다.

직사각형의 네 변의 길이에 큰 원의 지름 6개,
작은 원의 지름 6개가 있습니다.
큰 원의 지름은 $9\times2=18$ (cm)이므로 큰 원
의 지름 6개의 길이는 $18\times6=108$ (cm)입
니다.
작은 원의 지름을 □ cm라 하면
$□\times6=156-108=48$,
$□=48\div6=8$ (cm)입니다.
작은 원의 지름이 8 cm이므로 작은 원의 반
지름은 $8\div2=4$ (cm)입니다.

47 조건을 따져 해결하기

$298+167=465$이므로 $813-㉠=465$일
때 $813-465=㉠$, $㉠=348$입니다.
$813-㉠<298+167$이 되려면 ㉠은 348보
다 커야 하므로 ㉠에 들어갈 수 있는 수 중
가장 작은 수는 349입니다.
$702-154=548$이므로 $548=365+㉡$일
때 $548-365=㉡$, $㉡=183$입니다.
$702-154>365+㉡$이 되려면 ㉡은 183보
다 작아야 하므로 ㉡에 들어갈 수 있는 수 중
가장 큰 수는 182입니다.
➡ $349+182=531$

48 예상과 확인으로 해결하기

풍선을 맞힌 횟수와 맞히지 못한 횟수를 예상
하고 총점을 확인해 봅니다.
기본 점수보다 점수를 잃었으므로 맞힌 횟수
를 0부터 생각하여 예상해 봅니다.

맞힌 횟수 (번)	0	1	2	3	4	5	6
맞히지 못한 횟수 (번)	12	11	10	9	8	7	6
얻은 점수 (점)	0	15	30	45	60	75	90
잃은 점수 (점)	144	132	120	108	96	84	72
총점 (점)	56	83	110	137	164	191	218

➡ 유주가 풍선을 맞힌 횟수는 4번입니다.

49 식을 만들어 해결하기

(공책 2권의 값)$+$(지우개 3개의 값)
$=3060$(원)
(공책 4권의 값)$+$(지우개 6개의 값)
$=$(공책 2권의 값)$+$(지우개 3개의 값)
  $+$(공책 2권의 값)$+$(지우개 3개의 값)
$=3060+3060=6120$(원)
(공책 4권의 값)$+$(지우개 5개의 값)
$=5600$(원)
(지우개 한 개의 가격)$=6120-5600$
$=520$(원)
(지우개 3개의 값)$=520\times3=1560$(원)
(공책 2권의 값)$=3060-1560=1500$(원)
$750+750=1500$이므로 공책 한 권의 가격
은 750원입니다.

50 거꾸로 풀어 해결하기

오후 3시 20분 30초$=15$시 20분 30초
(비행기가 두바이 공항을 출발할 때 인천의
시각)
$=15$시 20분 30초-8시간 45분 40초
$=$오전 6시 34분 50초
두바이가 인천보다 6시-1시$=5$시간 느립니
다.
(비행기가 두바이 공항을 출발할 때 두바이의
시각)
$=$오전 6시 34분 50초-5시간
$=$오전 1시 34분 50초

51 3 m   **52** 11290원
53 1   1   1+1   1−1−1−1 = 119
54 33개
55 ㉠=9, ㉡=7, ㉢=3, ㉣=8
56 48개   **57** 5배
58 5가지   **59** 987번
60

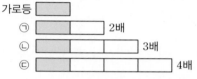 또는

---

51 그림을 그려 해결하기

가로등의 높이를 기준으로 그림을 그려 봅니다.

가로등

㉠ ——— 2배
㉡ ——— 3배
㉢ ——— 4배

㉠, ㉡, ㉢의 길이의 합은 가로등의 높이의
2+3+4=9(배)이고 이는 27 m입니다.
따라서 가로등의 높이는 27÷9=3 (m)입니다.

52 조건을 따져 해결하기

3학년 반별 학생 수를 알아보면 1반은 23명,
3반은 25명, 4반은 34명, 5반은 22명입니다.
2반 학생 수는 1반과 5반 학생 수의 합의 $\frac{3}{5}$
이므로 23+22=45(명)의 $\frac{3}{5}$입니다.

45의 $\frac{1}{5}$이 45÷5=9이고 45의 $\frac{3}{5}$은
9×3=27이므로 2반 학생 수는 27명입니다.
3학년 전체 학생 수가
23+27+25+34+22=131(명)이므로
풍선을 131개 사야 합니다. 풍선을 100개
보다 많이 사는 것이므로 그중 50개는
90−10=80(원)에 살 수 있고 나머지
131−50=81(개)는 90원에 사야 합니다.
(50개의 풍선 값)=80×50=4000(원),
(나머지 풍선 값)=90×81=7290(원)
따라서 풍선 값으로
4000+7290=11290(원)이 필요합니다.

---

53 예상과 확인으로 해결하기

더하거나 뺀 계산 결과가 세 자리 수이므로
더하는 수 중 세 자리 수 111이 한 번은 있어
야 합니다.
[예상1] 111+1이 있다고 예상하면
111+1=112, 119−112=7인데 남은 숫자
1을 4개 사용하여 7을 만들 수 없습니다.
[예상2] 111+11이 있다고 예상하면
111+11=122, 122−119=3이고 남은 숫
자 1이 3개이므로 1을 3번 빼면 됩니다.
➡ 111+11−1−1−1=119

다른 풀이

111−1이 있다고 예상하면
111−1=110, 119−110=9이므로 남은
숫자 1을 4개 사용하여 9를 만들면
11−1−1=9입니다.
➡ 111−1+11−1−1=119

참고 이외에도 여러 가지 방법으로 나타낼 수
있습니다.

54 단순화하여 해결하기

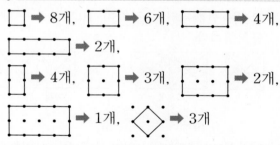

따라서 만들 수 있는 크고 작은 직사각형은
모두 8+6+4+2+4+3+2+1+3=33(개)
입니다.

55 예상과 확인으로 해결하기

$$\begin{array}{r} ㉠\,㉡\,㉢ \\ +\quad 2\,4\,㉣ \\ \hline 1\,2\,2\,1 \end{array}$$

백의 자리 계산에서
㉠+2=12이면 만족하
는 ㉠은 없습니다.
십의 자리에서 받아올림이 있는 계산이므로
㉠+2=11, ㉠=9입니다.
[예상1] 일의 자리에서 받아올림이 없는 계산
이라고 예상하면 ㉡+4=12입니다.
➡ ㉡=12−4=8
㉢+㉣=1이므로 만족하는 (㉢, ㉣)은
(1, 0), (0, 1)입니다.

➡ $981 + 240 = 1221$, $980 + 241 = 1221$

[예상2] 일의 자리에서 받아올림이 있는 계산이라고 예상하면 ㉡$+4=11$입니다.

➡ ㉡$=11-4=7$

㉢$+$㉣$=11$이므로 만족하는 (㉢, ㉣)은 $(9, 2)$, $(8, 3)$, $(7, 4)$, $(6, 5)$, $(5, 6)$, $(4, 7)$, $(3, 8)$, $(2, 9)$입니다.

이때 ㉠, ㉡, ㉢, ㉣은 서로 다른 숫자이므로 $(9, 2)$, $(7, 4)$, $(4, 7)$, $(2, 9)$는 제외합니다.

➡ $978 + 243 = 1221$, $976 + 245 = 1221$, $975 + 246 = 1221$, $973 + 248 = 1221$

따라서 세 자리 수 ㉠㉡㉢과 24㉣의 뺄셈식을 만들면
$981 - 240 = 741$, $980 - 241 = 739$,
$978 - 243 = 735$, $976 - 245 = 731$,
$975 - 246 = 729$, $973 - 248 = 725$이고,
이 중에서 차가 가장 작은 식을 찾으면
$973 - 248 = 725$이므로 ㉠$=9$, ㉡$=7$,
㉢$=3$, ㉣$=8$입니다.

56 규칙을 찾아 해결하기

첫 번째 도형에서 찾을 수 있는 직각은 8개이고 두 번째부터는 직각이 10개씩 늘어나는 규칙입니다.

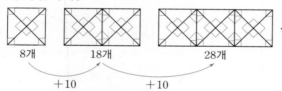

따라서 다섯 번째 모양에서 찾을 수 있는 직각은 모두 $8 + 10 + 10 + 10 + 10 = 48$(개)입니다.

57 규칙을 찾아 해결하기

$\dfrac{1}{2}$ / $\dfrac{1}{3}$, $\dfrac{2}{3}$ / $\dfrac{1}{4}$, $\dfrac{2}{4}$, $\dfrac{3}{4}$ /

$\dfrac{1}{5}$, $\dfrac{2}{5}$, $\dfrac{3}{5}$, $\dfrac{4}{5}$ / ……이므로

분모가 2, 3, 4, 5, ……인 진분수를 차례로 놓는 규칙입니다.

분모가 2인 분수는 1개, 분모가 3인 분수는 2개, 분모가 4인 분수는 3개, 분모가 5인 분수는 4개,……입니다.

$1 + 2 + 3 + 4 + \cdots + \square$의 값이 29와 가까운 $\square$를 찾으면

$1 + 2 + 3 + 4 + 5 + 6 + 7 = 28$이므로

29번째 분수는 $\dfrac{1}{9}$입니다.

33번째 분수는 분모가 9인 진분수 중 5번째 분수이므로 $\dfrac{5}{9}$입니다.

따라서 $\dfrac{5}{9}$는 $\dfrac{1}{9}$의 5배이므로 33번째 분수는 29번째 분수의 5배입니다.

58 예상과 확인으로 해결하기

과녁판에 맞힌 화살 개수의 합이 5개가 되는 경우를 예상하고 점수를 확인해 봅니다.

50점 (개)	0	1	2	2	2
30점 (개)	5	4	3	2	1
10점 (개)	0	0	0	1	2
점수 (점)	150	170	190	170	150

2	3	3	3	4	4	5
0	2	1	0	1	0	0
3	0	1	2	0	1	0
130	210	190	170	230	210	250

따라서 150점보다 크고 200점보다 작은 경우는 모두 5가지입니다.

참고 150보다 크고 200보다 작은 점수를 찾아야 하므로 모든 경우를 확인할 필요는 없습니다.

59 단순화하여 해결하기

먼저 1부터 365까지의 수 중 한 자리 수, 두 자리 수, 세 자리 수는 각각 몇 개인지 세어 봅니다.

• 한 자리 수: 1부터 9까지 ➡ 9개
• 두 자리 수: 10부터 99까지
  ➡ $99 - 9 = 90$(개)
• 세 자리 수: 100부터 365까지
  ➡ $365 - 99 = 266$(개)

한 자리 수는 숫자 버튼을 각각 1번씩 눌러야 하므로 9번,

두 자리 수는 숫자 버튼을 각각 2번씩 눌러야 하므로 $90 \times 2 = 180$(번),

세 자리 수는 숫자 버튼을 각각 3번씩 눌러야 하므로 $266 \times 3 = 798$(번)입니다.

따라서 숫자 버튼을 최소한 $9 + 180 + 798 = 987$(번) 눌러야 합니다.

2부터 18까지의 짝수는 2, 4, 6, 8, 10, 12, 14, 16, 18입니다. 이 9개 수의 합은 90이고 각 줄에 놓인 세 수의 합이 모두 같아야 하므로 각 줄의 세 수의 합은 $90 \div 3 = 30$이어야 합니다.

㉠+㉡=28, ㉢+㉣=28
합이 28인 두 수는 12와 16, 10과 18입니다.

[예상 1] (㉠, ㉡)=(12, 16)일 때
(㉢, ㉣)=(10, 18)이면
㉡+㉣=16+18=34가 되고,
(㉢, ㉣)=(18, 10)이면
㉡+㉢=16+18=34가 되므로 만족하지 않습니다.

[예상 2] (㉠, ㉡)=(16, 12)일 때
(㉢, ㉣)=(10, 18)이면
㉡+㉣=12+18=30이 되고,
(㉢, ㉣)=(18, 10)이면
㉡+㉢=12+18=30이 되므로 만족하지 않습니다.

[예상 3] (㉠, ㉡)=(10, 18)일 때
(㉢, ㉣)=(12, 16)이면
㉡+㉣=18+16=34가 되고,
(㉢, ㉣)=(16, 12)이면
㉡+㉣=18+12=30이 되므로 만족하지 않습니다.

[예상 4] (㉠, ㉡)=(18, 10)일 때
(㉢, ㉣)=(12, 16) 또는 (㉢, ㉣)=(16, 12)
이면 각 줄의 세 수의 합이 30이 됩니다.
남은 빈 곳에 알맞은 수를 써넣습니다.

참고 $2+4+6+8+10+12+14+16+18$

$=20+20+20+20+10=90$

경시 대비 평가

1회 2~6쪽

1 42개	**2** 72자루	**3** 80명

4

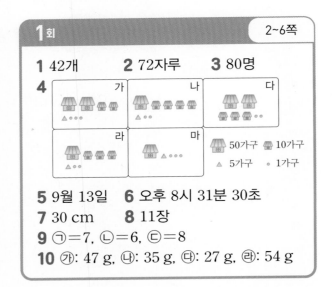

5 9월 13일   **6** 오후 8시 31분 30초

7 30 cm   **8** 11장

9 ㉠=7, ㉡=6, ㉢=8

10 ㉮: 47 g, ㉯: 35 g, ㉰: 27 g, ㉱: 54 g

---

1 $\square$: 21개, ⊞ : 1개, ⊞ : 12개, ⊞ : 5개,

⊞ : 1개, ⊞ : 1개, ⊞ : 1개

따라서 도형에서 찾을 수 있는 크고
작은 정사각형은 모두
$21+1+12+5+1+1+1=42$(개)입니다.

2 학생 96명이 한 경기에 8명씩 달리기를 하면
경기를 $96÷8=12$(번) 하게 됩니다.
한 경기에 상품으로 필요한 연필의 수는
$3+2+1=6$(자루)이므로
12번의 경기에 상품으로 필요한 연필은
$6×12=72$(자루)입니다.

3

남학생은 전체의 $\frac{5}{9}$이므로 여학생은 전체의

$\frac{4}{9}$이고, 여학생은 남학생보다 전체의 $\frac{1}{9}$만큼

더 적습니다.

전체의 $\frac{1}{9}$이 30명이므로

남학생은 $30×5=150$(명)이고
여학생은 $30×4=120$(명)입니다.

안경을 쓴 남학생은 150명의 $\frac{1}{3}$이고

$50+50+50=150$이므로 50명이고,

안경을 쓴 여학생은 120명의 $\frac{1}{4}$이고

$30+30+30+30=120$이므로 30명입니다.
따라서 안경을 쓴 학생은 모두
$50+30=80$(명)입니다.

4 가 마을: 128가구, 라 마을: 87가구
마 마을의 가구 수는 라 마을 가구 수의

$\frac{2}{3}$이므로 $87÷3=29$ ➡ $29×2=58$(가구)

입니다.
(나 마을과 다 마을의 가구 수)
$=502-128-87-58=229$(가구)
나 마을의 가구 수를 $\square$가구라 하면 다 마을
의 가구 수는 ($\square+35$)가구로 나타낼 수 있습
니다.
$\square+\square+35=229$, $\square+\square=194$이고
$97+97=194$이므로 $\square=97$(가구)입니다.
따라서 나 마을의 가구 수는 97가구이고
다 마을의 가구 수는 $97+35=132$(가구)입
니다.

5 태어난 달의 수는 홀수이므로 1, 3, 5, 7, 9,
11이 될 수 있습니다.
지민이의 생일을 ■월 ▲일이라 하고 조건에
따라 표를 만들어 봅니다.

■	1	3	5	7	9	11
▲	21	19	17	15	13	11
■×▲	21	57	85	105	⑪⑦	⑫①

■×▲의 곱이 110보다 크고 130보다 작은
경우는 9월 13일과 11월 11일입니다.
그런데 ■는 ▲보다 작아야 하므로 지민이의
생일은 9월 13일입니다.

6 하루는 24시간이고 월요일 오전 9시부터 금
요일 오후 9시까지는 4일 12시간입니다.
24시간에 6분 20초씩 늦어지므로
12시간 동안에는
6분 20초$=$3분 10초$+$3분 10초

➡ 3분 10초씩 늦어집니다.
4일 동안 6분 20초씩 4번 늦어지므로
24분 80초=25분 20초이고
4일 12시간 동안 이 시계는
25분 20초+3분 10초=28분 30초가 늦어집니다.
따라서 같은 주 금요일 오후 9시에 이 시계가 가리키는 시각은
오후 9시-28분 30초=오후 8시 31분 30초입니다.

7 첫 번째 도형에서 빨간색 선의 길이는 원의 둘레와 같고
두 번째 도형에서 곡선 부분의 길이의 합은 한 원의 둘레와 같습니다.

(두 번째 도형의 빨간색 선의 길이)
=(한 원의 둘레)+(원의 반지름 6개의 길이)
(세 번째 도형의 빨간색 선의 길이)
=(한 원의 둘레)+(원의 반지름 12개의 길이)
(네 번째 도형의 빨간색 선의 길이)
=(한 원의 둘레)+(원의 반지름 18개의 길이)
➡ (■+1)번째 도형의 빨간색 선의 길이는
  ■번째 도형의 빨간색 선의 길이보다
  (원의 반지름 6개의 길이)
  =5×6=30 (cm)만큼 더 깁니다.
따라서 15번째 도형의 빨간색 선의 길이는
14번째 도형의 빨간색 선의 길이보다 30 cm 더 깁니다.

8 색 테이프 한 장을 이어 붙일 때마다 전체 길이가
7 cm 4 mm-8 mm
=74 mm-8 mm=66 mm씩 늘어납니다.
색 테이프 한 장에 더 이어 붙인 색 테이프가
□장이라 하면 전체 늘어난 길이는
73.4 cm-7 cm 4 mm
=734 mm-74 mm=660 mm입니다.
66×□=660이고 66×10=660이므로
□=10(장)입니다.
따라서 이어 붙인 색 테이프는 모두
10+1=11(장)입니다.

9 ㉢+㉡=4라고 예상하면
㉡+㉠=4이면 ㉠=㉢이 되므로 조건을 만족하지 않고,
㉡+㉠=14이면 ㉢+㉡=4에서 ㉡이 3이라고 해도 ㉠이 10보다 큰 수가 되므로 조건을 만족하지 않습니다.
㉢+㉡=14라고 예상하면 가능한 (㉢, ㉡)은 (5, 9), (6, 8), (8, 6), (9, 5)입니다.
[예상1] (㉢, ㉡)=(5, 9)라 예상하면 만족하는 ㉠은 없습니다.
[예상2] (㉢, ㉡)=(6, 8)이라 예상하면 만족하는 ㉠은 없습니다.
[예상3] (㉢, ㉡)=(8, 6)이라 예상하면
768+876=1644이므로 ㉠=7입니다.
[예상4] (㉢, ㉡)=(9, 5)라 예상하면 만족하는 ㉠은 없습니다.
➡ ㉠=7, ㉡=6, ㉢=8

10 (㉣의 무게)=(㉮의 무게)+7 g,
(㉯의 무게)=(㉰의 무게)+8 g,
(㉣의 무게)+(㉯의 무게)+(㉯의 무게)
=23 g+(㉮의 무게)+(㉣의 무게)
➡ (㉯의 무게)+(㉯의 무게)
  =23 g+(㉮의 무게)
(㉯의 무게)=(㉰의 무게)+8 g과
(㉯의 무게)+(㉯의 무게)
=23 g+(㉮의 무게)에서
(㉰의 무게)+8 g+(㉰의 무게)+8 g
=23 g+(㉮의 무게)이므로
(㉰의 무게)+(㉰의 무게)
=(㉮의 무게)+7 g입니다.
(㉣의 무게)=(㉮의 무게)+7 g이므로
(㉰의 무게)+(㉰의 무게)
=(㉮의 무게)+7 g=(㉣의 무게)입니다.
(㉰의 무게)+(㉣의 무게)=81 g이므로
(㉰의 무게)+(㉰의 무게)+(㉰의 무게)
=81 g, (㉰의 무게)=81÷3=27 (g)입니다.
따라서 (㉣의 무게)=81-27=54 (g),
(㉮의 무게)=54-7=47 (g),
(㉯의 무게)=27+8=35 (g)입니다.

1 4번	**2** 2 cm	**3** 20
4 8	**5** 44번	**6** 12분 13초
7 ⬠, $\dfrac{1}{14}$	**8** 가로: 15 cm, 세로: 15 cm	
9 36 t 300 kg		**10** 3600바퀴

1 (3 L 150 mL들이 그릇으로 2번 부은 물의 양)
$=$ 3 L 150 mL $+$ 3 L 150 mL
$=$ 6 L 300 mL
(2 L 300 mL들이 그릇으로 3번 부은 물의 양)
$=$ 2 L 300 mL $+$ 2 L 300 mL
     $+$ 2 L 300 mL
$=$ 6 L 900 mL
(통에 부은 물의 양)
$=$ 6 L 300 mL $+$ 6 L 900 mL
$=$ 13 L 200 mL
통의 들이의 반이 13 L 200 mL이므로 더 부어야 하는 물의 양은 13 L 200 mL입니다.
$4 \times 3 = 12$, $4 \times 4 = 16$이므로 4 L들이 그릇으로 이 통에 물을 가득 채우려면 적어도 물을 4번 더 부어야 합니다.

2 원 36개를 겹치는 부분 없이 맞닿게 그렸을 때 전체 길이는 $4 \times 2 \times 36 = 288$ (cm)이므로 겹치는 부분의 길이의 합은
$288 - 218 = 70$ (cm)입니다.
원 36개를 그렸을 때 겹치는 부분은
$36 - 1 = 35$(군데) 생깁니다.
㉠의 길이를 □ cm라 하면
$□ \times 35 = 70$ (cm)이고 $2 \times 35 = 70$이므로 ㉠의 길이는 2 cm입니다.

3 $75 \div 6 = 12 \cdots 3$ ➡ $\langle 75 \rangle = 3$
$80 \div 7 = 11 \cdots 3$ ➡ $[80] = 11$
$85 \div 6 = 14 \cdots 1$ ➡ $\langle 85 \rangle = 1$
$90 \div 7 = 12 \cdots 6$ ➡ $[90] = 12$
$95 \div 6 = 15 \cdots 5$ ➡ $\langle 95 \rangle = 5$
➡ $\langle 75 \rangle + [80] - \langle 85 \rangle + [90] - \langle 95 \rangle$
    $= 3 + 11 - 1 + 12 - 5 = 20$

4 $5\dfrac{7}{11} = \dfrac{62}{11}$
분모와 분자에서 각각 뺀 수를 □라 하면
$\dfrac{62 - □}{11 - □}$이므로 $11 - □ + 62 - □ = 57$,
$73 - □ - □ = 57$, $□ + □ = 16$, $□ = 8$
입니다.

다른 풀이

$5\dfrac{7}{11} = \dfrac{62}{11}$, $62 + 11 = 73$이고, 57은 73보다 $73 - 57 = 16$ 작으므로 분모와 분자에서 뺀 수는 $16 \div 2 = 8$입니다.

5 밤 12시에서 1시 전까지: 2번
1시에서 2시 전까지: 2번
2시에서 3시 전까지: 1번
3시에서 4시 전까지: 2번
4시에서 5시 전까지: 2번
5시에서 6시 전까지: 2번
6시에서 7시 전까지: 2번
7시에서 8시 전까지: 2번
8시에서 9시 전까지: 1번
9시에서 10시 전까지: 2번
10시에서 11시 전까지: 2번
11시에서 낮 12시 전까지: 2번
➡ 12시간 동안 긴바늘과 짧은바늘이 서로 직각을 이루는 것은 22번입니다.
하루는 24시간이므로 하루 동안 긴바늘과 짧은바늘이 직각을 이루는 것은 모두
$22 \times 2 = 44$(번)입니다.

주의 3시 정각과 9시 정각에 긴바늘과 짧은바늘이 직각을 이루므로 2시에서 3시 전까지, 8시에서 9시 전까지에 긴바늘과 짧은바늘이 직각을 이루는 것은 한 번씩임에 주의합니다.

6 오전 8시 20분 20초부터 오후 1시 25분 45초까지의 시간은 13시 25분 45초 $-$ 8시 20분 20초 $=$ 5시간 5분 25초입니다.
버스가 2대 출발하면 버스 출발 시각 사이의 간격은 한 번, 버스가 3대 출발하면 버스 출발 시각 사이의 간격은 2번이므로 버스가 26대 출발하면 버스 출발 시각 사이의 간격은 25번입니다.

따라서 5시간 5분 25초 동안 간격이 25번이 므로 1시간 1분 5초 동안 간격은 5번입니다.
1시간 1분 5초는 60분 65초와 같고,
$60\div5=12$, $65\div5=13$이므로
버스는 12분 13초 간격으로 출발했습니다.

7 ・모양: 4개의 도형 ○□⬠△이 반복되는 규칙입니다.
　　　$79\div4=19\cdots3$이므로 79번째 놓이 는 모양은 3번째 놓이는 모양과 같은 ⬠입니다.
　・수: $\dfrac{1}{2}$ / $\dfrac{1}{3}$, $\dfrac{2}{3}$ / $\dfrac{1}{4}$, $\dfrac{2}{4}$, $\dfrac{3}{4}$
　　　/ $\dfrac{1}{5}$, $\dfrac{2}{5}$, $\dfrac{3}{5}$, $\dfrac{4}{5}$ / $\dfrac{1}{6}$, ……이므로 분모가 2, 3, 4, 5, ……인 진분수를 차례로 놓는 규칙입니다.
분모가 2인 분수가 1개, 3인 분수가 2개, 4인 분수가 3개, ……입니다.
$1+2+3+\cdots+\square$의 값이 79와 가까운 $\square$를 찾으면
$1+2+3+\cdots+11+12=78$이므로 $\square=12$입니다.
즉 78번째 수는 분모가 13인 분수 중 가장 큰 진분수인 $\dfrac{12}{13}$이므로 79번째 수는 $\dfrac{1}{14}$입니다.
따라서 79번째에 놓이는 모양은 ⬠이고, 수는 $\dfrac{1}{14}$입니다.

8 직사각형의 네 변의 길이의 합이 60 cm이므로 가로와 세로의 길이의 합이 30 cm가 되도록 표를 만들어 봅니다.

가로 (cm)	20	19	18	17	16	15	14
세로 (cm)	10	11	12	13	14	15	16
나눈 정사각형의 수 (개)	200	209	216	221	224	225	224

따라서 정사각형을 최대한 여러 개의 정사각 형으로 나누려면 직사각형의 가로와 세로를 각각 15 cm로 해야 합니다.

(참고) 가로가 ■ cm, 세로가 ▲ cm인 직사각 형을 한 변이 1 cm인 정사각형으로 나누면 최대 (■×▲)개로 나눌 수 있습니다.

9 가 마을의 배추 수확량이 25 t이므로 라 마을 의 배추 수확량은 $25\div5=5$, $5\times4=20$ (t) 입니다.
다 마을의 배추 수확량은 37 t이므로 나 마을의 배추 수확량은
$124-25-37-20=42$ (t)입니다.
(4 kg짜리 배추 750포기의 무게)
$=4$ kg$\times750=3000$ kg$=3$ t
(3 kg짜리 배추 900포기의 무게)
$=3$ kg$\times900=2700$ kg$=2$ t 700 kg
➡ 나 마을에서 판매한 배추는
3 t$+2$ t 700 kg$=5$ t 700 kg입니다.
따라서 나 마을에서 팔고 남은 배추는
42 t-5 t 700 kg$=36$ t 300 kg입니다.

10 나 톱니바퀴의 회전수는 가 톱니바퀴의 회전 수의 6배이고 다 톱니바퀴의 회전수는 나 톱 니바퀴의 회전수의 2배입니다.
가 톱니바퀴가 1분에 8바퀴 돌 때 나 톱니바 퀴는 $8\times6=48$(바퀴) 돌고, 나 톱니바퀴가 1분에 48바퀴 돌 때 다 톱니바퀴는
$48\times2=96$(바퀴) 돕니다.
1시간 15분$=75$분 동안 나 톱니바퀴는
$48\times75=3600$(바퀴), 다 톱니바퀴는
$96\times75=7200$(바퀴) 돕니다.
따라서 다 톱니바퀴는 나 톱니바퀴보다
$7200-3600=3600$(바퀴) 더 많이 돕니다.

1 7200원   **2** 17 cm 6 mm
3 28 cm
4 오리: 52마리, 염소: 25마리
5 8 cm   **6** 풀이 참조   **7** 162 cm
8 9가지   **9** 10가지
10

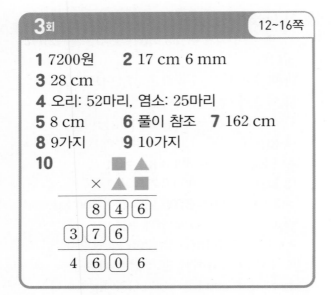

---

1 케이크를 똑같이 나누면 오른쪽과 같이 8조각이 됩니다.

남은 부분은 케이크 전체 8조각 중 3조각이므로 전체 케이크의 $\frac{3}{8}$입니다.

전체 케이크의 $\frac{3}{8}$이 2700원이고

$900 \times 3 = 2700$이므로

전체 케이크의 $\frac{1}{8}$은 900원입니다.

따라서 전체 케이크의 가격은
$900 \times 8 = 7200$(원)입니다.

2 양초의 길이를 거꾸로 생각해 봅니다.

12 cm 5 mm ➡ (4분 전) 13 cm 2 mm

➡ (8분 전) 13 cm 9 mm ➡ (12분 전) 14 cm 6 mm

➡ (16분 전) 15 cm 3 mm ➡ (20분 전) 16 cm

➡ (25분 전) 16 cm 8 mm ➡ (30분 전) 17 cm 6 mm

따라서 처음 양초의 길이는 17 cm 6 mm입니다.

다른 전략 ➤ 식을 만들어 해결하기

10분은 5분의 2배이므로 처음 10분 동안은
$8\,\text{mm} \times 2 = 16\,\text{mm} = 1\,\text{cm}\ 6\,\text{mm}$가 탔습니다.

20분은 4분의 5배이므로 남은 20분 동안은
$7\,\text{mm} \times 5 = 35\,\text{mm} = 3\,\text{cm}\ 5\,\text{mm}$가 탔습니다.

따라서 처음 양초의 길이는
12 cm 5 mm + 3 cm 5 mm
+ 1 cm 6 mm = 17 cm 6 mm입니다.

3

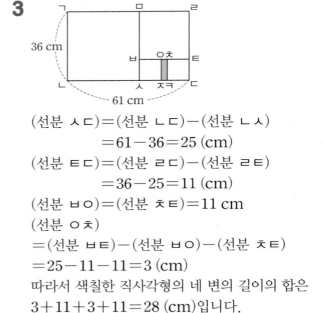

(선분 ㅅㄷ) = (선분 ㄴㄷ) − (선분 ㄴㅅ)
$\qquad\qquad = 61 - 36 = 25$ (cm)
(선분 ㅌㄷ) = (선분 ㄹㄷ) − (선분 ㄹㅌ)
$\qquad\qquad = 36 - 25 = 11$ (cm)
(선분 ㅂㅇ) = (선분 ㅊㅌ) = 11 cm
(선분 ㅇㅊ)
= (선분 ㅂㅌ) − (선분 ㅂㅇ) − (선분 ㅊㅌ)
$= 25 - 11 - 11 = 3$ (cm)
따라서 색칠한 직사각형의 네 변의 길이의 합은
$3 + 11 + 3 + 11 = 28$ (cm)입니다.

4 [예상1] 염소가 20마리라면 오리는
$20 + 27 = 47$(마리)이므로
염소의 다리는 $20 \times 4 = 80$(개),
오리의 다리는 $47 \times 2 = 94$(개)입니다.
➡ 다리 수의 차: $94 - 80 = 14$(개)
[예상2] 염소가 21마리라면 오리는
$21 + 27 = 48$(마리)이므로
염소의 다리는 $21 \times 4 = 84$(개),
오리의 다리는 $48 \times 2 = 96$(개)입니다.
➡ 다리 수의 차: $96 - 84 = 12$(개)
염소와 오리가 한 마리씩 늘어날 때마다 다리 수의 차가 2개씩 줄어듭니다.
규칙에 따라 다리 수의 차가 4개가 될 때까지 염소와 오리 수를 알아보면
다리 수의 차가 12개, 10개, 8개, 6개, 4개일 때 염소는 21마리, 22마리, 23마리, 24마리, 25마리이고 오리는 48마리, 49마리, 50마리, 51마리, 52마리입니다.
따라서 이 농장에서 기르는 오리는 52마리, 염소는 25마리입니다.

5 (ㄹ의 반지름)＝24÷2＝12 (cm)

(ㄷ의 반지름)

＝(ㄱ의 반지름)＋(ㄴ의 반지름)

(ㄹ의 반지름)

＝(ㄴ의 반지름)＋(ㄷ의 반지름)

＝(ㄴ의 반지름)＋(ㄱ의 반지름)＋(ㄴ의 반지름)

＝(ㄴ의 반지름)×3＝12 (cm)이므로

(ㄴ의 반지름)＝12÷3＝4 (cm)입니다.

따라서 ㄷ의 반지름은 4×2＝8 (cm)입니다.

참고 (ㄱ의 반지름)＝(ㄴ의 반지름)

6

학생별 마신 물의 양

	슬아	영진	우희	세진	재효	합계
물의 양 (mL)	1500	1300	1700	800	1200	6500

학생별 마신 물의 양

	물의 양
슬아	
영진	
우희	
세진	
재효	

🥤 500 mL 🥤 100 mL

슬아와 우희가 마신 물의 양의 차는 그림그래프에서 🥤🥤인데 표에서

1700－1500＝200 (mL)이므로

🥤는 100 mL를 나타냅니다.

그림그래프에서 슬아가 마신 물의 양은

🥤🥤🥤인데 표에서 1500 mL이므로

🥤는 500 mL를 나타냅니다.

5명이 마신 물의 양의 합이

6 L 500 mL＝6500 mL이므로

영진이와 세진이가 마신 물의 양의 합은

6500－1500－1700－1200＝2100 (mL)입니다.

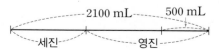

2100－500＝1600 (mL)에서 1600 mL의 반은 800 mL이므로 세진이는 800 mL, 영진이는 800＋500＝1300 (mL) 마셨습니다.

7 동생에게 주기 전 리본의 길이를 ■ cm라 하면 ■의 $\frac{1}{2}$이 15 cm이므로

■＝15×2＝30 (cm)입니다.

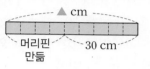

머리핀을 만들기 전 리본의 길이를 ▲ cm라 하면 ▲의 $\frac{5}{9}$가 30 cm이므로

▲의 $\frac{1}{9}$은 30÷5＝6 (cm)이고

▲＝6×9＝54 (cm)입니다.

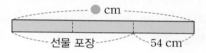

선물을 포장하기 전 리본의 길이를 ● cm라 하면 ●의 $\frac{1}{3}$이 54 cm이므로

●＝54×3＝162 (cm)입니다.

따라서 선주가 처음에 가지고 있던 리본의 길이는 162 cm입니다.

8 큰 수가 적힌 구슬의 개수가 많을수록 구슬에 적힌 수의 합이 큽니다.

구슬에 적힌 수의 합이 큰 경우부터 차례로 표에 나타내 봅니다.

15의 수 (개)	8	7	7	6	6
10의 수 (개)	0	1	0	2	1
8의 수 (개)	0	0	1	0	1
합	(120)	(115)	(113)	(110)	(108)

6	5	5	5	5	4	4	……
0	3	2	1	0	4	3	
2	0	1	2	3	0	1	……
(106)	(105)	(103)	(101)	99	100	98	……

따라서 합이 100보다 큰 경우는 모두 9가지입니다.

9 • 저울 한쪽에 추 1개를 놓아 잴 수 있는
   무게: 1 g, 5 g, 10 g

  • 저울 한쪽에 추 2개를 놓아 잴 수 있는
   무게: $1+5=6$ (g), $1+10=11$ (g),
   $5+10=15$ (g)

  • 저울 한쪽에 추 3개를 놓아 잴 수 있는
   무게: $1+5+10=16$ (g)

  • 저울 양쪽에 추를 놓아 잴 수 있는 무게:
   한쪽 1 g과 다른 쪽 5 g ➡ $5-1=4$ (g),
   한쪽 1 g과 다른 쪽 10 g ➡ $10-1=9$ (g),
   한쪽 5 g과 다른 쪽 10 g ➡ $10-5=5$ (g),
   한쪽에 1 g, 5 g과 다른 쪽 10 g
   ➡ $10-1-5=4$ (g),
    한쪽에 1 g, 10 g과 다른 쪽 5 g
   ➡ $1+10-5=6$ (g),
    한쪽에 5 g, 10 g과 다른 쪽 1 g
   ➡ $5+10-1=14$ (g)

따라서 잴 수 있는 무게는 1 g, 4 g, 5 g,
6 g, 9 g, 10 g, 11 g, 14 g, 15 g, 16 g으로
모두 10가지입니다.

10 ▲×■의 일의 자리 숫자가 6인 경우를 찾
아 봅니다.
일의 자리 계산에서 받아올림이 없는 경우
■>▲인 두 수 (▲, ■)를 찾으면
(1, 6), (2, 3)입니다.
(▲, ■)=(1, 6)이라고 예상하면
$61×16=976$ (×),
(▲, ■)=(2, 3)이라고 예상하면
$32×23=736$ (×)입니다.
일의 자리 계산에서 받아올림이 있는 경우
■>▲인 두 수 (▲, ■)를 찾으면
(2, 8), (4, 9), (7, 8)입니다.
(▲, ■)=(2, 8)이라고 예상하면
$82×28=2296$ (×),
(▲, ■)=(4, 9)라고 예상하면
$94×49=4606$ (○),
(▲, ■)=(7, 8)이라고 예상하면
$87×78=6786$ (×)입니다.
따라서 ▲=4, ■=9이므로 94와 49의 곱셈
을 하여 ☐ 안에 알맞은 수를 써넣습니다.

문제 해결의 길잡이 심화

수학 **3**학년

www.mirae-n.com

학습하다가 이해되지 않는 부분이나 정오표 등의
궁금한 사항이 있나요?
미래엔 홈페이지에서 해결해 드립니다.

교재 내용 문의
나의 교재 문의 | 수학 과외쌤 | 자주하는 질문 | 기타 문의

교재 자료 및 정답
동영상 강의 | 쌍둥이 문제 | 정답과 해설 | 정오표

미래엔 **N** 맘
No.1 New Network
http://cafe.naver.com/mathmap

함께해요!
바른 공부법 캠페인

궁금해요!
교재 질문 & 학습 고민 타파

공부해요!
미래엔 에듀 초·중등 교재

참여해요!
선물이 마구 쏟아지는 이벤트

초등학교

학년   반   이름

초등학교에서 탄탄하게 닦아 놓은
공부력이 중·고등 학습의 실력을 가릅니다.

하루한장 쏙셈

쏙셈 시작편
초등학교 입학 전 연산 시작하기
[2책] 수 세기, 셈하기

쏙셈
교과서에 따른 수·연산·도형·측정까지 계산력 향상하기
[12책] 1~6학년 학기별

쏙셈＋플러스
문장제 문제부터 창의·사고력 문제까지 수학 역량 키우기
[12책] 1~6학년 학기별

쏙셈 분수·소수
3~6학년 분수·소수의 개념과 연산 원리를 집중 훈련하기
[분수 2책, 소수 2책] 3~6학년 학년군별

하루한장 한국사

큰별★쌤 최태성의 한국사
최태성 선생님의 재미있는 강의와 시각 자료로
역사의 흐름과 사건을 이해하기
[3책] 3~6학년 시대별

하루한장 한자

그림 연상 한자로 교과서 어휘를 익히고 급수 시험까지 대비하기
[4책] 1~2학년 학기별

하루한장 급수 한자

하루한장 한자 학습법으로 한자 급수 시험 완벽하게 대비하기
[3책] 8급, 7급, 6급

하루한장 ENGLISH BITE

ENGLISH BITE 알파벳 쓰기
알파벳을 보고 듣고 따라쓰며 읽기·쓰기 한 번에 끝내기
[1책]

ENGLISH BITE 파닉스
자음과 모음 결합 과정의 발음 규칙 학습으로
영어 단어 읽기 완성
[2책] 자음과 모음, 이중자음과 이중모음

ENGLISH BITE 사이트 워드
192개 사이트 워드 학습으로 리딩 자신감 키우기
[2책] 단계별

ENGLISH BITE 영문법
문법 개념 확인 영상과 함께 영문법 기초 실력 다지기
[Starter 2책 , Basic 2책] 3~6학년 단계별

ENGLISH BITE 영단어
초등 영어 교육과정의 학년별 필수 영단어를
다양한 활동으로 익히기
[4책] 3~6학년 단계별

초등 교과서 발행사 미래엔의
교재로 초등 시기에 길러야 하는
공부력을 강화해 주세요.

개념과 **연산 원리**를 집중하여
한 번에 잡는 **쏙셈 영역 학습서**

하루 한장 쏙셈
분수·소수 시리즈

하루 한장 쏙셈 분수·소수 시리즈는
학년별로 흩어져 있는 분수·소수의 개념을
연결하여 집중적으로 학습하고,
재미있게 연산 원리를 깨치게 합니다.

하루 한장 쏙셈 분수·소수 시리즈로
초등학교 분수, 소수의 탁월한 감각을 기르고,
중학교 수학에서도 자신있게 실력을 발휘해 보세요.

APP 다운로드

스마트 학습 서비스 맛보기
분수와 소수의 원리를
직접 조작하며 익혀요!

분수 **1**권
초등학교 3~4학년

▶ 분수의 뜻
▶ 단위분수, 진분수, 가분수, 대분수
▶ 분수의 크기 비교
▶ 분모가 같은 분수의 덧셈과 뺄셈
⋮

3학년 1학기_분수와 소수
3학년 2학기_분수
4학년 2학기_분수의 덧셈과 뺄셈